Jagen und Angeln,
Erzählen und Kochen

Widmung:

Dieses Buch widme ich meinem Vater,
dem überzeugten Hegejäger, Hegeangler, dem Oberforstmeister
a.D. und dem Naturschützer und begeisterten
Wild- und Fischhobbykoch,
Harry H. Witkowski (1929-1994)

Harry H. Witkowski beim Bau jagdlicher Einrichtungen

Rainer Witkowski

Jagen und Angeln,
Erzählen und Kochen

Jagd- und Angelkurzgeschichten mit
Wild-und Fischrezepten

© 2015   Rainer Witkowski

Herstellung und Verlag: BoD – Books on Demand, Norderstedt

ISBN: 9783739207582

Bibliografische Information der Deutschen Nationalbibliothek:
Die Deutsche Nationalbibliothek verzeichnet diese Publikation in der Deutschen Nationalbibliografie; detaillierte bibliografische Daten sind im Internet über http://dnb.dnb.de abrufbar.

Inhaltsverzeichnis Seite

Prolog

Zunächst einmal ein großes Dankeschön dafür, dass Sie sich für mein kleines Erzähl- und Rezeptbuch entschieden haben.

Sie haben den (Buch-) Versuch in der Hand, selbst erlebte und hier erzählte Jagd-und Angelgeschichten mit wunderbaren Wild- und Fischgerichten verbinden zu wollen.
Jäger und Angler haben mehr gemeinsam als sie oftmals selbst glauben wollen: Sei es die Liebe zur Natur, die Durchführung aktiven Naturschutzes (ja, richtig, Hege und Pflege!), die Aus- übung und Bewahrung von Brauchtum und noch Vieles mehr. So kommen nicht nur Jäger nach erfolgloser Jagd mit einem Ruck- sack voller Pilzen nach Hause…
Ist es nicht so, dass es am besten schmeckt, wenn man in einer Gemeinschaft Gleichgesinnter das Erlebte erzählen darf?! Die Jäger haben dafür einen tollen Begriff, das sogenannte Schüssel- treiben (bitte nicht verwechseln mit dem „Kesseltreiben"- das ist etwas ganz Anderes), also ein Gemeinschaftsessen nach erfolg- reicher Jagd. Auch die Angler sitzen gern zusammen am Lager- feuer und einem darüber hängenden, großen Topf mit leckerer Fischsuppe und berichten über ihre Abenteuer. So manches Ang- ler- oder Jägerlatein wird einander erzählt. Die Freude der Alten, dem einen oder anderen Jungjäger oder -angler „einen Bären aufgebunden" zu haben ist dann groß.
Nun ja, Sie finden hier nicht überall Spaßiges. So manches Erleb- te war eher bedrückend und machte nachdenklich. Dennoch überwiegt die Freude am Naturgenuss – und das im doppelten Sinne!
Ich stamme aus einer Jäger- und Anglerfamilie, bin selbst ein beherzter Angler, Naturfreund und –fotograf. Und das auch alles schon seit mehr als 50 Jahren…
Übrigens hatte ich das große Glück, alle hier niedergeschriebenen Storys im ehemaligen Bezirk Potsdam (zu DDR-Zeiten) und spä-

ter dann im Land Brandenburg erleben zu dürfen. Daher könnte es sein, dass aufgrund der Unterschiede zwischen den damaligen und heutigen Jagd – und Fischereigesetzen Manches für „junge Leute" nicht mehr so ganz nachvollziehbar erscheint.
Dennoch lassen Sie sich bitte zu einem guten Glas Rotwein nieder und stöbern in meinen Kurzgeschichten oder Kochrezepten. Ich wünsche Ihnen viel Spaß beim Lesen bzw. guten Appetit! Waidmanns Heil und Petri Heil!

Ihr Rainer Witkowski

Ein potenzieller Täter?

Ende Mai lud mich mein Bruder Harry zur Bockjagd ein. An mehreren Tagen während dieses Kurzurlaubes soltes es auf Pirsch- und Ansitzjagd gehen. Wir waren ein gut eingespieltes Team. Mein Bruder jagte mit dem Drilling, ich mit der Spiegelreflex und dem Tele. Wir verständigten uns schweigend per Handzeichen. Disziplin und gegenseitige Solidarität waren gefragt. Jeder gönnte Jedem den diesbezüglichen Erfolg.

Unter diesen Umständen sagte ich gerne zu. Mein Bruder hatte cirka 100 Kilometer nördlich Berlins, am Rande der Schorfheide eine kleine Jagdhütte. Mit großer Vorfreude wurde die Ausrüstung vorbereitet, Stative und mehrere Tele wollte ich schon dabei haben.

Es gelang uns Beiden, am Freitag relativ früh in den Feierabend gehen zu können. So trafen wir uns dann schon an der Jagdhütte gegen 16:30 Uhr. Die Fahrzeuge wurden entladen. Alles rein in die Hütte und schnell in die Jagdkleidung geschlüpft. Wir ergriffen alles Nötige und los ging es mit dem SUV meines Bruders ins Revier. Rein vorsorglich hatten wir bereits im April mehrere Leitersitze aus Derbstangen gebaut und dann entlang einer Wald-Feld-Kante aufgestellt. So würde das Wild vertrauter zwischen Wald und Feld wechseln. Das Auto parkten wir in einer unbewachsenen Schonungs-Lücke. Wir sagten immer, dass das unsere Naturgarage sei. Verblendet wurde das Fahrzeug mit einer Fleck-Tarn-Plane. So war es für Neugierige kaum zu entdecken und das Wild wurde nicht durch reflektierendes Licht gestört.

Da es vorrangig um die Jagd ging, war mein Bruder der Boss. Er wählte die konkreten Ansitzleitern aus. Mich plazierte er in der Nähe eines starken Wildwechsels, der direkt zu einer Suhle führte. Er selbst kletterte auf einen Sitz, der etwa 70 Meter entfernt stand.

Die Zeit ging ins Land. Das Singen der Vögel nahm ab, die üblichen Zivilisationsgeräusche auch. Kurz vor Dämmerungsbeginn hörte ich hinter mir im Gehölz ein Grunzen und Quieken. Nun brachte ich die Kamera in „Schuß"-Position. Nur wenige Momente später stand eine Bache mit ihren schon relativ großen Frischlingen fast direkt unter mir. Die Kleinen flitzten sofort zu einer großen Pfütze auf dem alten Panzerweg und suhlten sich darin. Die Bache schien völlig vertraut und legte sich dazu. Jetzt konnte ich die Kamera auslösen. Das Klatschen der Spiegelreflex wurde von den Sauen erstaunlicherweise nicht wahrgenommen. Ein prima Foto! Die Mini-Rotte hielt sich relativ lange auf, bis sie dann zur großen Suhle auf dem Felde wechselte. Als ich mit dem 7x50 diese lärmende Rasselbande verfolgte, peitschte ein Schuß in die Stille. Offensichtlich hatte mein Bruder abgezogen. Für mich hieß es, diszipliniert zu warten. Mit dem Glas versuchte ich den Bereich meines Bruders abzuleuchten. Nun sah ich ihn auf dem Acker laufen. Er blieb stehen, schaute herüber und winkte mir zu. Das war das Zeichen, daß ich zu ihm kommen sollte. Vor Spannung war mein Puls ziemlich stark. Das aufgegangene und nun sprießende Wintergetreide war bereits so hoch, dass ich auf dem Feld nichts Markantes bei meinem Bruder sehen konnte. „Hat er etwa das Wild verfehlt? Er ist doch einer der besten Schützen!", dachte ich noch. Erst wenige Schritte vor ihm sah ich den Bock liegen. „Waidmannsheil!", rief ich ihm zu und gratulierte. Harry antwortete mit „Waidmannsdank" und meinte: "Schau ihn Dir genau an!" Nun sah ich einen wirklich außergewöhnlichen Rehbock. Während die linke Gehörnhälfte völlig fehlte, war die rechte Seite nur eine sehr starke, unverzweigte Stange. Dieser Spieß hatte an seiner Spitze verkrusteten Schweiß. Mit großer Wahrscheinlichkeit hatte dieser Bock bei Revierkämpfen im Vorfeld zur eigentlichen Blattzeit im Juli einen Rivalen wund geforkelt. Als mein Bruder noch verweilte, ging ich zum Feldrand. Von einer jungen Eiche schnitt ich mehrere Brüche ab und kehrte zurück. Jetzt bekam der Bock seinen letzten Bissen und meinem Bruder überreichte ich auf dem Jagdmesser den Schützenbruch. Nun wurde auf dem erlegten Bock noch der sogenannte Inbesitznahmebruch abgelegt. Kurz darauf holten wir

unser Fahrzeug, bargen den Rehbock vom Felde. Direkt vor Ort wurde das Tier nun ordnungsgemäß aufgebrochen und zur Auslüftung vorbereitet. Die Wildwanne, hinten im Auto, hatte schon so manchen guten Dienst geleistet. Wir konnten so ganz unproblematisch das Wild und den Aufbruch sauber abtransportieren. An der Hütte angekommen, wurde der Bock sofort zum Auslüften gespreizt und „aufgehängt". Nun noch schnell den Aufbruch säubern und alles geteilt und aufbereitet in die Kühltruhe gelegt. Jetzt konnten wir durchatmen. Wir plauderten noch bis tief in die Nacht. Mein Bruder war sehr stolz auf diesen Hegeabschuss.
Nachtrag:
Nur wenige Tage nach unserem Aufenthalt erlegte ein Jagdkamerad meines Bruders einen Rehbock im gleichen Revier. Dieser Bock hatte an seinem Träger eine tiefe Stichwunde, die sich schon entzündet hatte. Wahrscheinlich war es der Gegner des von meinem Bruder erlegten Bockes. Ein weiterer Hegeabschuss!

Eine besondere Fischart!

Brrrrrrrrr..... Oh je! Was war los? Ach, es war nur der Wecker... Ich musste unbedingt aufwachen. Schließlich wollten mein Kumpel Knobi und ich pünktlich am Gewässer sein. Es war früh um 04:00 Uhr. Ich quälte mich aus den Federn, ab ins Bad, rasieren, duschen, jetzt war ich wach! Dann rein in die Angel-Klamotten, schnell in der Küche 'nen wirklich kleinen Happen gegessen, die bereit stehenden Utensilien geschnappt (zum Glück nur wenig Gepäck) und runter zum Parkplatz. Mein Kumpel kam auch schon um die Ecke gefahren und grinste fröhlich, als wäre er am Abend zuvor schon nach dem Sandmänchen ins Bett gegangen... Nun ja, jeder wie er kann! Die Ausrüstung war schnell verpackt und los ging es in Richtung Norden, schnell raus aus der hektischen Stadt. Wir wollten zum Voßkanal, in der Nähe des Städtchens Liebenwalde, fahren und dort dann mit der Spinnrute unser Glück versuchen. Dieses Gewässer ist wegen der guten Begehbarkeit der Ufer ein ideales Spinnangel-Gewässer. Anfang Mai hat man immer gute Chancen, einen Hecht oder aber bessere Barsche fangen zu können. Nach knapp mehr als einer Stunde waren wir vor Ort. Knobi stellte erst einmal eine Kanne Kaffee bereit und bevor es richtig losging, wurde gefrühstückt. Das ist bei uns Beiden Tradition. Nun, ordentlich gestärkt, wurden die Ruten montiert, die Kunstköder ausgewählt, Kescher, Rucksack gegriffen und los ging es. Gefischt wurde in vernünftigem Abstand und beim Wechsel der Angelstellen gab es auch einen Wechsel der Reihenfolge. So herrschte immer „fair play" und Jeder hatte eine gute Chance, seinen Fang zu machen. Voraussichtlich würden wir auf diese Weise schon einige Kilometer am Kanalufer zurücklegen. Mein kleiner Löffelspinner ploppte gerade das erste Mal ins Wasser, da ertönte schon Knobis Ruf: „ Fiiiisch..." „Na, das fängt ja gut an", dachte ich so bei mir und hoffte natürlich auch auf einen baldigen Biß. Stattdessen durfte ich streitende Stockenten und einen aufgeregten Buntspecht beobachten. Wurf folgte auf Wurf. So mancher Hänger nahe am Röhricht konnte mit Geduld

gelöst werden. Wieder hörte ich nur: „Fiiiisch...". „Was soll es,
Du hast ja noch die schöne Natur, soll er doch seine Fische fangen" redete ich mir ein. Wieder Wurf auf Wurf, Nichts. Inzwischen öffnete sich die in der Nähe befindliche Schleuse und entließ die ersten Wasserwanderer mit ihren motorisierten, zum Teil
riesigen Booten in den schmalen Kanal. Dennoch, es herrsch
Höflichkeit. Man grüßt sich und hört auch mal ein Petri Heil.
Nun, nachdem die Boote alle passiert hatten, war wieder Ruhe am
Gewässer. Nur ein Grünspecht, nicht zu sehen aber zu hören,
lachte mich aus. „Tja, da muss ich nun durch", dachte ich und
warf direkt unter eine überhängende Weide. Nach ein paar Kur-
belumdrehungen knallte es in die Schnur. Biss! Das konnte nur
ein Hecht sein... Der Fisch lieferte einen relativ kurzen aber sehr
harten Kampf und landete dann in meinem Unterfangkescher.
Mein Puls ging trotz vieler erfolgreicher Angeljahre höher als
üblich. Und der Grünspecht schien sich bei mir mit einem kleinen
Zwischenruf entschuldigen zu wollen. Vor mir im Gras lag ein
Esox von etwa 60 cm Länge – ein schöner sogenannter Portions-
hecht. Gerade als ich zum Hakenlöser greifen wollte, wendete
sich der Fisch und zeigte mir nun eine große, frische Verletzung.
Der Hecht hatte kurz vor seiner Rückenflosse eine mehrere Zentimeter lange, von oben nach unten verlaufende, tiefe Schnitt-
wunde (keine Bisswunde). Sogar die Hauptgräte war bereits zu
sehen. Nun ja, jetzt war klar, „den kannst Du nicht mehr
schwimmen lassen". Der Fisch wurde weidgerecht getötet, foto-
grafiert, gesäubert und ordentlich verpackt und konnte so noch
sinnvoll verwertet werden. Ohne meinen Fang wäre er jämmer-
lich eingegangen. Ursache war eine Schiffsschraube. In der Auf-
regung bemerkte ich gar nicht die anderen 2 „Fiiiisch"-Rufe
meines Angelkumpels. Erst als wir uns zum Ende unserer Tour
trafen und „Strecke legten" konnten wir sagen, dass dieser Tag
sehr erfolgreich war. Mein Kumpel Knobi fing 4 wunderschön
gefärbte große Barsche und ich hatte eine ganz besondere Fischart gefangen, einen Schraubenhecht! Ein echter Hegefang.

Hier der Beweis…

Ein entwaffneter Schwarzkittel?

Irgendwann Ende August verbrachte mein Vater seinen wohlverdienten Jahresurlaub in seiner Jagdhütte. Mich, seinen ältesten Sohn, hatte er zu einer Art Männerurlaub mit Jagen und Angeln eingeladen. Da es auch in meinen Zeitplan passte, nahm ich dieses Angebot gern an. Ich fuhr also in den Norden Brandenburgs, an den Rand der Schorfheide und freute mich auf eine wahrscheinlich erlebnisreiche, gemeinsame Zeit. Die Hütte lag an einem kleinen See, direkt im Revier meines Vaters. Mein älterer Herr, wie ich ihn manchmal nannte, erwartete mich schon freudig. Er hatte früh am Morgen einen schönen, kräftigen Aal in den nahen ehemaligen Tonstichen gefangen. Dieser sollte nun abends ein leckeres Mahl für uns Beide werden. Gleichfalls hoch erfreut begrüßte mich unser bester Freund „Varus". Ja, so hieß unser Jagdhund. Er war ein Deutscher Wachtelhund, vielseitig ausgebildet und sehr darauf bedacht, uns Beide stets um Streicheleinheiten zu bitten. Nun ja, erst einmal das Gepäck entladen, in der Hütte verstaut, rein vorsorglich ein Nachtlager eingerichtet und die Fotoausrüstung vorbereitet. In der Zwischenzeit hatte mein Vater bereits den Aal gebraten und das Essen zubereitet. Während wir nun einen wirklich leckeren Aal verspeisten, bekam Varus ein paar Stücke Pansen. Offensichtlich war unser Hund damit auch sehr zufrieden. Bei unserer Mahlzeit besprachen wir, wie, wo und wann wir noch am heutigen Abend eine Ansitzjagd durchführen würden. An der Wald-/Feldkante nahe der Großen Wiese hatten die Bauern einen großen Roggenschlag abgeerntet, jedoch um die große Suhle inmitten des Ackers einen schmalen Streifen des Getreides stehen gelassen. Wir vermuteten, dass eventuell Schwarzwild, vielleicht auch Rehwild abends diese Suhle anwechseln könnte. Der frisch gemähte Acker versprach gute Sicht. Gesagt, getan. Rein in die Jagdkleidung. Mein Vater bevorzugte die klassische Lodenkleidung, während ich lieber Flecktarn wählte. Jeder schulterte seine Ausrüstung und ab ging

es mit unserem Kombi in die Nähe der geplanten Ansitze. Dort eingetroffen, wurde unser Auto sofort in einem Versteck abgeparkt und verblendet. Varus blieb im Auto, für Lüftung war ja gesorgt und der Wagen stand im abendlichen Schatten. Weiter ging es zu Fuß. Unsere Ansitzleitern standen gedeckt, aber mit gutem Sichtfeld etwa 80 bis 100 Meter von einander entfernt an der gleichen Waldkante. Mit einem zünftigen Weidmannsheil verabschiedete man sich, nahm Platz auf seinem Ansitz und harrte der Dinge, die da kommen würden. Nun ja, als Erste kamen die Mücken... Glücklicherweise hatte sich Jeder mit genügend Mücken-Tötolin eingerieben. So nannten wir spaßigerweise das Zeug, welches uns damals in der ehemaligen DDR zum Schutz vor Insektenstichen zur Verfügung stand. Die Zeit verging, verschiedene Vögel suchten den Acker nach Futter ab, ein Bussard kreiste über uns. Sonst Nichts. Auch mit dem 7x50 leuchtete ich alles ab. Dennoch war kein Wild zu sehen. Der Lärm aus dem Dorf hinterm Wald nahm langsam ab, man hörte nur noch ab und zu das Kläffen eines Hofhundes. Ruhe zog ein. Das Büchsenlicht war noch sehr gut und auch für die Kamera reichte es aus.
Im Stangengehölz hinter mir schimpfte eine Amsel und flog zeternd davon. Ein dünner Zweig knackte, ich hörte Schmatzen. „Oh, Sauen...“ dachte ich. Nun wird's spannend. Wenige Minuten später die Ernüchterung: Eine Igelfamilie zog grunzend unmittelbar unter mir durch und suchte die Waldkante nach Freßbarem ab. Dass diese Tierchen so laut sein können, war mir zuvor nicht klar. In der Ferne sah ich, außerhalb des Foto-Schußfeldes, einen Dachs auf dem Weg zur Suhle. Dann brach die Dämmerung herein. Das Büchsenlicht wurde schwächer.
Mein Vater hielt noch tapfer aus. In weiter Ferne dann ein Schuss im Nachbarrevier, dann noch 3 oder 4 Schüsse... Das war ungewöhnlich um diese Zeit. Aber, vielleicht hatten ja die dortigen Jäger gleich eine ganze Rotte Sauen beschossen?! Nun kam mein Vater und holte mich ab. Auf dem Weg zum Auto erfuhr ich, dass er nichts Jagdbares gesehen und ebenfalls die Kanonade aus dem

Nachbarrevier gehört habe. Sonst blieb alles ruhig. Also rein ins Auto, schnell nach Hause und ab in die Koje. Am frühen Morgen sollte es zur Pirsch in den Wald gehen. Plötzlich, so gegen zwei Uhr früh, meldete sich Varus mit einem Knurren und kurz darauf klopfte es an unserer Tür. „ Harry, bist Du da? Mach mal bitte auf!" Aufgeschreckt und etwas knurrig öffneten wir. Es war Heinz, ein Jagdkumpel meines Vaters. Er bat um Einlass und berichtete uns von seinem Erlebnis: Er sei ebenfalls abends im Nachbarrevier auf Ansitzjagd gewesen. Plötzlich tauchte ein russisches Militärfahrzeug am Waldrand auf, aufgeblendete Scheinwerfer, auf der Ladefläche einige Soldaten mit Handscheinwerfern und Mpi`s. Sie fuhren quer über den noch nicht abgeernteten Getreideacker und schossen scheinbar wahllos auf flüchtendes Wild. Heinz habe gesehen, wie ein sehr starkes Stück Schwarzwild sich überschlagen habe aber flüchten konnte. Immer noch völlig aufgeregt bat er uns nun, am kommenden Morgen gemeinsam mit unserem Hund die besagte Stelle abzusuchen. Ohne jedes Zögern sagten wir zu. Ein Treffpunkt und die Zeit wurden verabredet, Heinz verließ uns und wir konnten nun nicht mehr schlafen... Ja, es war ein offenes Geheimnis: In der ehemaligen DDR kam es wiederholt zur Wilderei durch Offiziere und Soldaten der damaligen sowjetischen Besatzungs-Truppen. Dabei gingen Diese nicht fein vor. Einerseits waren ihre Waffen, vor allem die Munition, nicht für die Jagd geeignet und andererseits schossen sie wild umher. Man fand sogar Querschläger in den Bäumen am Waldrand. Und die Jagd mit Scheinwerfern war damals schon untersagt. Wir bereiteten uns also mental auf die baldige Besichtigung des „Tatortes" und vielleicht sogar auf eine Nachsuche vor. Die Schweißleine für den Hund wurde aufgedockt, ein leichtes Pirschglas bereit gelegt. Ich schmierte ein paar Schmalzbrote, bei uns sagt man Stullen, und stellte noch die Thermoskanne für frischen Kaffee auf den Küchentisch. Dann ruhten wir uns noch kurz aus. Früh um sieben Uhr waren wir am Treffpunkt. Heinz erwartete uns schon und berichtete wiederum ziemlich aufgeregt, er habe einen Anschuss und eine starke Schweißfährte gefunden. Okay, wir zwangen uns nun zur Ruhe, stimmten uns ab, wer was machen solle. Schließlich darf am Anschuss Nichts zertrampelt werden. Der Hund soll schließlich erfolgreich sein. Während ich die Kamera zückte und das Geschehen dokumentierte, trank Heinz einen Beruhigungskaffee. Der Hund wurde angesetzt, er nahm Witterung auf und schon ging es los. Erst auf dem kürzesten Weg in den dichten Unterwald, dann über eine Lichtung und durch eine Suhle. Überall fanden wir, natürlich durch die Vorarbeit des Hundes, Schweiß. Anfangs sogar Knochensplitter. Unklar blieb vorerst, von welchen Knochen. Für meinen Vater war es Knochenarbeit. Er hatte bereits einiges an Ausrüstung abgelegt, der Hund war noch immer an der Langleine am Arbeiten. Die bereits zurückgelegte Strecke war so lang, dass mein Vater daran zweifelte, dass das Tier, eine starkes Stück Schwarzwild, an den Läufen getroffen worden war. Das hieß wiederum, keine Zeit zu verlieren. Mein Vater entschied sich trotz aller Gefahren, den Hund zu schnallen und ihn mit Spurlaut frei nachsuchen zu lassen. Es sollte die längste Nachsuche unseres Jägerlebens werden. Das angeschossene Wildschwein flüchtete über viele Kilometer, die es glücklicherweise in mehreren großen Kreisen innerhalb zweier Reviere zurücklegte. Nach Stunden gelang es unserem Varus ein Wildschwein zu stellen und es zu verbellen. Mein Vater, fast am Ende seiner Kräfte, war als Erster vor Ort. Was er sah, war unglaublich. Varus verbellte den von ihm gestellten alten, riesigen Keiler. Dieser wiedrum saß völlig entkräftet auf den hinteren Läufen und vom Haupt bis zu den Vorderläufen war alles voller Schweiß. Mein älterer Herr war ein begnadeter Schütze. Er zögerte nicht lange, warte nur darauf, dass der Hund aus der Schußbahn war und zog ab. Mit einem sauberen Blattschuss wurden die Qualen des großen Keilers beendet. Für wenige Minuten war es total still. Dann näherte sich mein Vater dem erlegten Tier. Es war ein kapitaler Keiler. Man sagte auch Hauptschwein. Erst bei genauer Betrachtung sah man nun, was eigentlich passiert war: Die Wilderer hatten dem Keiler das gesamte Gebräch, also Ober- und Unterkiefer quer durch- und zerschossen. Faktisch gesehen hatten sie ihn entwaffnet. Das Tier wäre jämmerlich verhungert. Der Keiler erhielt alle jagdlichen Ehren mit Bruchzeichen usw. und wurde dann an Ort und Stelle von meinem Vater aufgebrochen. Heinz organisierte für den Abtransport ein Pferdefuhrwerk aus der nahen Schäferei. Die Jagd war beendet. Alle Beteiligten fanden sich auf dem Hof der Schäferei ein. Die sogenannten Schützenanteile wurden weidmännisch gerecht an Alle verteilt. Auch Varus, unser erfolgreicher Deutscher Wachtelhund, wurde mit einem leckeren Happen belohnt.

Der Keiler hatte ein Aufbruchgewicht von 136 kg. Ja, richtig! Es war damals eines der größten und schwersten je erlegten Wildschweine aus dieser Region. Die Trophäe wäre – wenn bewertungsfähig – eine internationale Goldmedaille gewesen. Die linken Waffen, also Gewehr und Haderer (für Laien: die sog. großen und kleinen Hauer des Keilers), waren nur noch als Fragmente bzw. Knochensplitter vorhanden. In der Jagdhütte meines Vaters hatte diese Trophäe jedoch einen jahrzehntelangen Ehrenplatz.

Keiler im Bach (oben);   In der Suhle (unten)

20

Das Brett

Mein Kumpel Uwe stieß mich an: „Hey Alterchen, wir müssen aufstehen. Es ist schon halbvier!" Er meinte 03.30 Uhr am frühen Morgen. Oh je, da fällt das Aufstehen echt schwer. Zumal wir am letzten Abend in der Anglerklause lecker vom heißen Stein gegessen und auch einige Jägermeister genossen hatten. Nun denn! Als passionierte Angler rissen wir uns zusammen, kletterten vom Heuboden des Hauses meiner Eltern. Eine ordentliche Morgendusche mit dem Gartenschlauch unter freiem Himmel half uns, richtig wach zu werden. Die von den Eltern vorbereitete Verpflegung wurde schnell verpackt und runter ging es an den Bootssteg. Unseren Angelkahn hatten wir bereits am Vorabend mit Anker, Langleinen, Keschern und Werkzeug beladen. Wir durften nur nicht unsere Angelruten vergessen... Ja, das soll wohl schon einigen Petrijüngern passiert sein! Schnell alle Leinen los und ab ging es mit Motorkraft zur Einsenbahnbrücke, die die beiden Havelufer in der Nähe von Werder an einer engen Stelle verband. Unser alter Kahn lief gut mit dem Wind und nach etwa 25 Minuten waren wir vor Ort. Wir stellten das Boot knapp außerhalb der Hauptströmung und neben der Fahrrinne mittels zweier Anker auf. Auf dieser Höhe war die Strömung relativ stark. Wir vermuteten in den daneben liegenden Ruhebereichen lauernde Zander. Ihnen sollte es heute an die Schuppen gehen. Uwe fing noch schnell ein paar kleine Weißfische mit der Senke. Die Rutenmontage war äußerst einfach: Eine längliche Bleiolive direkt auf die Hauptschnur, dann schon eine Kombi von Wirbel und Karabiner. In den Karabincr wurdc cin selbst gebundenes, relativ langes Vorfach mit sehr scharfem Einfachhaken gehängt. Der tote Köderfisch wurde am Kopf gehakt. Die Angeln wurden also immer stromab ausgeworfen und „auf Grund" gelegt. Nun kam der ungewöhnliche Teil unserer Angelmethode. Wir ließen die Köder nicht auf der Stelle liegen, sondern zogen mit den Fingern vorsichtig Zentimeter für Zentimeter die Schnur in Richtung Boot wieder ein.

Die zeitweilig überflüssige Schnur wurde einfach mit der Rolle aufgespult. Klingt verrückt, ist aber äußerst fängig. Man bemerkt sofort jeden noch so vorsichtigen Biß eines Zanders.

Und wie das so ist, wenn man einen guten Freund als Begleiter hat, dieser fängt Nichts und Du selbst (fast) Alles. Nach knapp 10 Minuten hatte ich bereits den ersten kräfigen Biss. Es war ein recht guter Barsch. Keine 2 Minuten später ein weiterer Barsch. Auch dieser war jenseits der 35 cm. Nach weiteren geschätzten 20 Minuten knallte es in meine Schnur. Ein recht guter Drill folgte und kurz darauf lag ein ca. 60 cm langer Hecht im Kahn. Ich entließ ihn wieder in sein Revier. Uwes Blick wurde langsam düster. Ob er glaubte, diese Methode wäre Nichts für ihn? Jedenfalls sagte er kein Wort. Seine Mimik aber sprach Bände. Nun hoffte ich darauf, nur keinen Biss mehr zu bekommen. „Bitte, lieber Petrus, schicke doch die Räuber zu meinem Kumpel an die Angel!“, dachte ich nur. Aber, ausgerechnet ich fing noch einen Barsch. Uwe fing an zu lästern: „Ist der erste Fisch ein Barsch, so ist die ganze Angelei im ...Eimer!“ Gut, wir sind Profis. Also hielten wir noch einige Zeit durch. Uwe tat mir schon leid. Der Zeitpunkt, das Angeln zu beenden, rückte näher. Darauf hin schlug ich vor, meine Ausrüstung bereits zu demontieren und alles zu verpacken. Während Uwe noch seine letzte Chance nutzen sollte. Gesagt, getan. Er warf die Montage nochmals aus und ich verpackte Rute, Rolle und Zubehör. In Gedanken vertieft, wo denn meine Arterienklemme, diese nutze ich als Hakenlöser, herum liege, bemerkte ich gar nicht, dass Uwe dabei war, gerade einen Anhieb zu setzen. Er rief nur:"Bissssss!“. Nun sah ich eine stark gekrümmte Rute, die mehrmals von harten Rucken ständig zum Wasser gezogen wurde. Uwe hatte offensichtlich einen guten Fisch am Haken. Rein vorsorglich klappte ich den Unterfangkescher wieder auf und legte ihn auf die Bootsbordwand. Tja, was soll ich noch erzählen? Der Drill dauerte gute 15 Minuten, dann tauchte aus der Tiefe ein großer Fisch auf. Der Kescher war definitiv zu klein. Uwe führte das „Glasauge" dicht an die Bordwand und ich griff mit der Landungszange zu. Nun lag ein prächtiger Zander von gut 90 cm in unserem Boot. Ein richtiges Brett! Ich rief Petri Heil, Uwe war blass, ihm zitterten die Knie. Ich steckte ihm noch ne Zigarette ins Gesicht, machte das Boot frei und ab ging es nach Hause. Durch den Fahrtwind wurde Uwe wieder munter. Ein hatte ein breites Grinsen aufgesetzt und war stolz wie Bolle.

Das „Glasauge" in seinem natürlichen Lebensraum

Damals in Sanssouci

„Was will der uns denn jetzt erzählen?“, werden Sie nun denken...
Nun ja, zu DDR-Zeiten war das Geld knapp – jetzt ist es auch nicht besser! So hatten damals die Gärtner in den Parkanlagen von Sanssouci ein echtes Problem: Die großen Rasen- beziehungsweise Grünflächen wurden pausenlos durch wühlende Wildkaninchen beschädigt. Die Pflege dieser Flächen wurde auch noch dadurch erschwert, dass sogar die relativ kleinen Traktoren und Maschinen in die Erdbaue der Kaninchen einsackten und sich festfuhren. Darüber hinaus stellte man Hasenverbiß an Zierpflanzen und –stauden sowie jungen Bäumen fest. Diese Schäden zu beseitigen und für die Zukunft zu verhindern, war finanziell kaum möglich.
Die damalige Leitung der Schlösser und Gärten von Sanssouci ersann eine außergewöhnliche Lösung zur Einschränkung der Wildschäden. Sie riefen die örtliche Jägerschaft an. Die Hilfe kam prompt. Man informierte die Falkner. Diese waren sofort „Feuer und Flamme“ und halfen gern. Da der Park seit 1927 tagsüber öffentlich zugänglich ist, hatten sie nur eine Bitte: Der Park sollte zur Jagdzeit noch oder schon wieder besucherfrei sein. Man wollte verhindern, dass die Greife verstört werden oder gar ein Unfall passiert. Die Parkleitung willigte diesbezüglich ein.
Eines Tages im November war es dann soweit. 3 Falkner kamen in den Park. Sie hatten noch einige Jagdhelfer dabei. Dies waren mehrere, unbewaffnete Jäger aus der ortsansässigen Jagdgesellschaft, ich als Jagdfreund und Fotograf, ein Vorstehhund, ein Stöberhund und ein Rauhhaar-Kaninchenteckel, ein Frettchen und die eigentlichen Stars dieser Jagd. Ein Habichtsweibchen, ein Habichtsterzel und ein Bussardweibchen. Dieser Bussard war ein Trainingsbeizvogel, der durch einen Jungfalkner abgetragen wurde.

Bevor der Jagdleiter die Jagd eröffnete, gab es kurze, präzise Einweisungen. Die konkreten Jagdorte im Park wurden festgelegt, die Hundeführer eingewiesen und mit einem zünftigen Weidmannsheil ging es los. Der erste Jagdort war die große „Wiesenlandschaft" zwischen dem Schloss Charlottenhof, den Römischen Bädern und dem Theaterweg sowie dem Ökonomieweg. Hier wurden die Kaninchen bejagt. Ein Frettierer ließ seinen kleinen, flinken Räuber in eine Bauöffnung einschliefen. Das Frettchen nahm Witterung auf und schoß in die Tiefe. Keine 3 Sekunden später rasten die kleinen Kurzohren aus jeder nur erdenklichen Bauöffnung. Der Bussard und das Habichtsterzel wurden in kurzem Abstand geworfen um sich nicht gegenseitig zu stören. Das schnelle, kleine aber kräftige Habichtsmännchen war sehr wendig und stieß erfolgreich auf ein Wildkaninchen nieder. Sein Jagdkamerad, ein Kleiner Münsterländer, gab ihm Sicherheit und ließ nur den Falkner an den Greif und seine Beute. Mit solch einem Erfolg gleich zu Anfang der Jagd hatte Niemand gerechnet. Der wesentlich größere Bussard verfehlte sein erstes Ziel, kehrte aber trotzdem ganz diszipliniert zurück auf den Handschuh seines Falkners. Das Habichtsweibchen kam noch nicht zum Einsatz. Es sollte für einen späteren Jagdabschnitt geschont werden. In der Zwischenzeit wurde auch das Frettchen wieder in sein Körbchen aufgenommen. Glücklicherweise hatte der kleine Killer kein Kaninchen im Bau fangen können. Das hätte die Jagd erheblich verzögert. Diese kleinen Marder bleiben gern im Kaninchenbau zurück, wenn sie Erfolg haben. Dann hätte der Frettierer sein Tierchen regelrecht ausgraben müssen. Das blieb uns nun erspart. Jetzt gab es einen weiteren Versuch an einem benachbarten Kaninchenbau. Der weiße Blitz, unser Frettchen Fred, stürmte wieder in den Bau. Auch hier stieben die wilden Kaninchen aus allen Röhren. Diesmal war der Bussard erfolgreich und hielt seinen Fang fest. Das ist schon großartig. Sein Falkner schlug dann das Kaninchen ordnungsgemäß ab. Ein Bussard kommt bei der Größe der Kaninchen bereits an seine Fangleistungsgrenze. Auch das Habichtsmännchen war sensationell. Es schlug doch tatsächlich seine zweite Beute. Das war unglaublich, wie schnell er alles erfasste und dann trotz Hakenschlagens den grauen Flitzer ergriff. Auch hier sicherten wieder die Hunde ihre fliegenden Jagdkameraden. Nur Bruno, der kleine Kaninchenteckel, mußte sich noch gedulden. Er sollte Fred nach dessen zweitem Schliefeinsatz ablösen. Die Beizjagd hatte den Nebeneffekt, die Anzahl der ansässigen Kaninchen genauer bestimmen zu können. So wurde den Beteiligten besser klar, wie groß das Ausmaß weiterer Schäden durch die kleinen Nager sein würde. Ein dritter Bau im gleichen Terrain wurde nun zum Ziel der Beizjagd. Jetzt war der kleine Teckel Bruno an der Reihe, Allen zu zeigen, was er kann. Der durch seinen Hundeführer ausgewählte Kaninchenbau hatte etwas größere Röhren. Wahrscheinlich war es eine der ersten Bauanlagen im Park und deshalb schon etwas erweitert. Die Falkner und ihre Beizvögel waren bereit, als Bruno lautgebend in die Röhre einfuhr. Auch hierbei dauerte es nur kurze Zeit, bis einige Kaninchen sehr schnell flohen. Ein letztes Mal wurde das Habichtsterzel vom Handschuh gelassen, verfehlte beim ersten Versuch sein Ziel, schlug dann aber ein weiteres Kaninchen.

Solch eine Erfolgsquote für einen einzigen Vogel hatte ich nie zuvor bei einer Beizjagd erlebt. Der Bussard blieb bei seinem Falkner. Es sollte nicht riskiert werden, den Vogel wegen erfolglosen Jagens zu frustrieren. Er hatte ja zuvor bereits seine Beute geschlagen.

Alle Jagdbeteiligten fanden sich zu einer Pause zusammen. Man war über den bisherigen Verlauf hoch erfreut. Die Jagdhelfer schenkten Kaffee und Tee aus, die zwei bisher erfolgreichen Beizvögel erhielten ihre Atzung und die Hunde ebenso ein Leckerli.

Dann ging es in das zuvor klar abgegrenzte zweite Jagdgebiet im Park. Es lag etwa zwischen der Hauptallee, dem Lindstädter Weg und dem Festungsweg. Hier war es nicht ganz so überschaubar wie zuvor. Es gab mehr Baumbestand und Hecken. So also auch mehr Deckung für das Wild. In diesem Gebiet vermuteten die Jäger weniger Kaninchen als eher einige Hasen. Daher kamen jetzt nicht das Frettchen und der Teckel als Jagdhelfer, sondern der Kleine Münsterländer und der Stöberhund, ein Deutscher Wachtelhund, zum Einsatz. Als Beizvogel sollte nun das Habichtsweibchen zeigen, was es drauf hat. Während der Wachtel noch an der Leine geführt wurde, suchte der Vorstehhund das Gelände vor uns nach Wild ab. Plötzlich blieb er vor einer Hecke stehen. Das bedeutete: Wild vor uns. Aber welches? Der Wachtel wurde geschnallt und machte zwei Jagdfasanen hoch. Diese waren hier aber nicht unser jagdliches Ziel. Die Fasanen dienten der biologischen Schädlingsbekämpfung im Park und blieben somit als „Park-Angestellte" verschont. Völlig unerwartet blieb der Münsterländer wieder stehen und schaute auf einen kleinen Wiesenflecken zwischen dem Altbaumbestand. Jetzt hieß es Obacht geben. Der Habicht war bereit. Ein kurzes Zucken des Hundes und Meister Lampe schoß in Haken und Schleifen davon. Die Greifvogeldame erblickte den Hasen und flog blitzschnell hinter ihm her. Trotz Bäumen und Sträuchern glückte es ihr, das Langohr zu ergreifen. Beide überschlugen sich. Der Habicht aber hielt seine Beute sicher fest. Sein Falkner näherte sich schnell und erlöste den Hasen. Weidmannsheil!

Die hervorragende Leistung des Beizvogels besteht nicht nur darin, eine recht große Beute ergriffen zu haben, sondern auch in den Flugkünsten. Der Habicht ist so ziemlich der einzigste unter den in Deutschland zugelassenen Beizvögeln, der effektiv im Walde oder in Baumbeständen auf „Bodenwild" jagen kann. Hier wurde es eindrucksvoll bewiesen.

Nach diesem Erfolg wurde Strecke gelegt: 4 Kaninchen und 1 Feldhase. Die Jagd wurde mit einer kleinen Auswertung und einem zünftigen Weidmannsdank durch den Jagdleiter beendet. Die Jagdbeute wurde übrigens im Anschluß an die Helfer als Dankeschön übergeben.

Nachtrag:
Nach wenigen Tagen wurden die bereits genannten Terrains des Parks nochmals mit Frettchen und Teckel bejagt. Nur diesmal kamen Lebendfangnetze zum Einsatz. So gelang es, fast die gesamte Population aus dem Park zu entfernen. Alle lebend erbeuteten Kaninchen wurden nicht etwa getötet, sondern in einem Luch bei Golm wieder ausgesetzt. Hiermit wurde eine dort durch die Kaninchenpest ausgestorbene Population ersetzt. Gleichfalls war der Park von Sanssouci nun fast „kaninchenfrei". Diesbezügliche Wildschäden traten für lange Zeit kaum noch auf.

Wildkaninchen im Park

… und einer ihrer Jäger, ein wunderschöner Bussard

Ein ganzer Schwarm

Irgendwann im August war ich wieder einmal mit meinem Kumpel Knobi zum Spinnangeln verabredet. Nach gut einer Stunde Fahrt waren wir an einem der großen Havelseen bei der Stadt Werder angekommen. An seiner seichten Uferlinie erlaubte uns das Gewässer eine meist nur unter Fliegenfischern verbreitete Angelmethode zu nutzen. Wir wollten unser Petri Heil als Watangler versuchen. Also, rein in die Wathose, Setzkescher mit Schwimmkörpern bestückt und schulterhohe (Brust-)Taschen aufgeschnallt. Jetzt noch die Spinnrute montiert und den Unterfang-Watkescher an den Gürtel gehangen. Nur wenige Meter von unserem offiziellen Angler-Parkplatz aus ging es bereits ins Wasser. Wir wateten vor dem Schilf-und Rohrgürtel und stellten uns in angemessenem Abstand auf. So konnten wir, ohne den Anderen zu behindern, eine große Gewässerfläche fächerartig abfischen. Um ermüdungsfrei werfen zu können, versuchten wir, nicht allzu tief im Wasser zu stehen. Der allgemein niedrige Sommerwasserstand kam uns hierbei zugute. Die ersten Würfe wurden gemacht. Bisse gab es noch keine und ebenso wenige Hänger. Der Bodengrund schien also relativ sauber zu sein.
Nach etwa 25 Minuten krachte es neben mir. Ein starker Rapfen raubte nach Ukleis. Das Geschehen war beeindruckend, da die starken Havel-Rapfen die Wasseroberfläche regelrecht aufwühlen. Nun ja, für Spinnangler wie wir, die es aber eher auf Zander oder Hecht abgesehen haben, blieb es ein tolles Naturschauspiel. Den Rapfen gezielt nachzustellen empfanden wir als zeitaufwendig und ja, dieser Fisch ist nicht wirklich gut für die Küche.
In der Nähe unseres Standortes mündete ein Stichkanal in den See. Diese Mündung wollten wir nun befischen und wateten dort hin. Mein Kumpel hatte sich wohl schon eine besondere Stelle ausgesucht, die er schnell erreichen wollte. Jedoch hinderte ihn ein alter großer Baumstamm, der vermodert im Wasser lag, sein Ziel zu erreichen. Knobi stolperte, wankte startsprungartig nach

vorn und tauchte komplett ab. Nur die Angelrute hielt er aus dem Wasser. Das sah einfach nur unglaublich aus. Ich konnte nicht an mich halten und fing herzhaft an zu lachen. Mir kamen die Tränen, als ich sah, wie mein Angelkumpel fluchend und triefend aus dem Wasser aufstand. Die Wathose hatte sich gefüllt. Knobi sah aus wie ein Drei-Zentner-Typ. „Das war es...", dachte ich so. Ich begleitete meinen Angelkameraden ans Ufer und zum Auto. Er zog die Wathose aus, nahm aus dem Auto trockene Ersatzkleidung, die wir für derartige Fälle immer dabei hatten, und stand wieder einsatzbereit vor mir. Nur etwas kurios sah es schon aus. Mein Kumpel mußte ja auf die auch innen völlig nasse Wathose verzichten. Aber es war ja Sommer, da konnte man in Badehose angeln. Die Ausrüstung wurde wieder angelegt. Ich schmunzelte immer noch vor mich hin. Mein Kumpel mit Hut, Rucksack und Badehose, ich, nun ja, wie ein professioneller Angler eben... Zum Glück hat uns Niemand gesehen. Jetzt waren wir ja wieder im Wasser! Der kleinen Kanaleinmündung hatten wir uns zuvor bereits an Land genähert. Mein erster Wurf bescherte mir sofort einen schönen Döbel. Auch diese Fische sind kleine Kraftpakete und liefern oftmals einen tollen Drill. Kurzerhand entschied ich mich doch, den Burschen mitzunehmen. Er fand übergangsweise ein neues Quartier in meinem schwimmenden Setzkescher. Knobi warf permanent und fleißig in seinem Bereich aus, erhielt aber keinen Biss. In der Zwischenzeit hatte ich 3 weitere Döbel gefangen. Alle kamen in den Setzkescher... Mein Kumpel glaubte schon an einen schwarzen Tag im Angeln. Er wechselte ein letztes Mal seinen Köder. Nun war es ein kleiner Spinner mit zwei Löffeln hintereinander. Gleich nach dem ersten Plopp ins Wasser saß ein mittelgroßer Barsch an seinem Drilling. Der zweite Wurf brachte den nächsten Stachelritter in den Kescher und der dritte Wurf den dritten Fisch. Es war wieder ein Barsch. Jedenfalls hörte ich nun auf, mit zu zählen. Bei mir biss gar Nichts mehr. Und mein Taucher-Kumpel fing einen Barsch nach dem anderen. Als er dann etwas später auch Nichts mehr fing, beendeten wir das

Angeln. Jetzt am Ufer wurden die Fische schnell getötet, sauber und trocken verpackt. Wir selbst kletterten auch wieder in trockene und saubere Kleidung. Jetzt konnten wir das Ergebnis unserer Watangeltour genießen. Am Ende waren es bei mir vier Döbel und Knobi hatte tatsächlich 13 wunderschöne, mittelgroße Barsche gefangen. Ein ganzer Schwarm. Wenn das mal keine ansehnliche Strecke ist?! Wir hatten also Spass, Erholung und Erfolg. Was will man mehr?

Der 1-er Hirsch

Anfang September, mein Vater lud wieder einmal zu einer seiner „Männer-Touren" ein. Er meinte: „Großer, ich hab nen 1-er Hirsch frei. Und Du kommst mit." Ich konnte es nicht fassen. Einen 1-er Hirsch konnte man zu DDR-Zeiten nicht einfach mal so jagen und erlegen. Der wurde „von oben" frei gegeben und durch die Vorstände der Jagdgesellschaften dann einzelnen Jägern zugeordnet. Das war wie ein Sechser im Lotto. Die Freude war groß. Endlich durfte es mal ein wirklich Kapitaler, also ein richtiger „Ernte-Hirsch" sein. Die Zeit war günstig. Immerhin fing gerade die Rotwildbrunft an. In den Revieren wurde es laut. Die beeindruckenden Rufe der Hirsche waren weithin zu hören. Wie immer wurde aber zuvor genau besprochen, wo wir mit welcher Jagdmethode unser Weidmannsheil versuchen würden.

Des Abends kümmerte sich Jeder um seine Ausrüstung. Mein Vater überprüfte seinen Drilling, legte geeignete Munition bereit und verschloss Alles wieder im Waffenschrank. Dann puzte er sein Zielfernrohr und das 7x50. Um die Fototechnik kümmerte ich mich. Auch hier war Putzen der Linsen angesagt. Das 300-er und das 500-er Teleobjektiv wurden in Köchern verstaut. Zum Abendessen gab es einen deftigen Happen Nuss-Schinken mit frischem Bauernbrot aus der nahen Landbäckerei. Wir wollten am Morgen zur Pirsch an den Faulen See. Er ist auf keiner Landkarte verzeichnet. So nannten die ansässigen Bauern ein moorartiges Sumpfterrain inmitten eines großen, geschlossenen Waldgebietes. Daher beschlossen wir, recht früh schlafen zu gehen. Eine nervende Mücke stahl mir die Ruhe. Dann schlief ich endlich ein. Irgendwann, stieß mich Jemand gegen die Bordwand unseres Bootes. Ich war dabei, einen mittelgroßen Hecht zu drillen. Kurz bevor ich ins Wasser stürzte, erwachte ich aus meinem Traum. Mein Vater hatte mich nur wecken wollen. Das ist ihm eindrucksvoll gelungen. Ich fiel nicht ins Wasser, hatte aber auch keinen Hecht. Toll! „Los! Rainer komm, die Zeit drängt!" mein

Vater wollte rechtzeitig am Zielort sein. Da wir gut vorbereitet waren, ging Alles ganz schnell. Nach wenigen Minuten saßen wir in unserem Kombi und rutschten durchs Gelände. Etwa einen Kilometer vor dem Faulen See parkten wir das Auto ab. Wie immer wurde es verblendet. Das diente weniger dazu, das Wild nicht zu erschrecken. Das Wild war ja mit Landmaschinen, Traktoren und Dieselgeruch vertraut. Mit der Tarnung wollten wir eher neugierige Wanderer und Pilzsammler fernhalten.
Der Drilling wurde geladen, die analoge Spiegelreflexkamera gespannt. Die Pirsch konnte beginnen. Nach wenigen Schritten schon, hörten wir ein unglaubliches Trompeten. Es waren Kraniche. Wir blieben natürlich äußerst vorsichtig und näherten uns einer Lichtung, die den Blick auf den Faulen See freigeben sollte. Im Hochwald, den wir soeben durchpirschten, bemerkten wir nicht, dass der See komplett im Morgennebel lag. Eine eigenartige Stimmung war das. Der Nebel waberte etwa mannshoch über dem Wiesenboden, darüber hinaus ragten die abgestorbenen Wipfel von Erlen, Birken und Weiden in den bedeckten Himmel. Sofort mußte ich an das Moor aus dem Film „Der Hund von Baskerville" denken. Nun ja, wir waren zu zweit und kannten die Gegend gut. Plötzlich, ich hatte das Gefühl, Schatten zu sehen, bewegte sich Etwas im Nebel vor uns. Und richtig, es waren die Kraniche, die sich tanzend bewegten. Man sah die großen Vögel also immer nur dann, wenn sie hüpfend aus dem Nebel hochsprangen. Gespenstisch, atemberaubend und faszinierend. So Etwas hatte ich nie zuvor gesehen. Das Rotwild jedoch blieb noch unentdeckt. Wir ließen die Kraniche weiter tanzen und umgingen die Wiese an der Waldkante entlang. Nach etwa 800 Metern schon hörten wir das Aufeinanderknallen von Geweihstangen. Auch das war sehr beeindruckend. Während die Hirsche üblicherweise relativ unvorsichtig sind, passen die Alttiere sehr gut auf. Sie sichern ständig und bewegen ihre Lauscher in alle Richtungen. Daher mußten wir äußerst ruhig vorgehen. Nach weiteren ca. 350 Metern hatten wir einen Brunftplatz erreicht.

Ein gerader Achter drängte einen ungeraden Sechser ins Gehölz.
Sollte es das schon gewesen sein? Etwas weiter, rechterhand von
uns, flog Dreck durch die Luft, eine Birke bog sich und wackelte,
als werde sie ausgerissen. War das der eigentliche Platzhirsch?
Brunftige Hirsche wüten sich gern mal an Bäumen und Sträuchern aus. Nun denn. Ein Handzeichen meines älteren Herrn hieß
für mich, warten und in Deckung bleiben. Er selbst pirschte den
vermeintlichen Chef des Platzes an. Für mich war die ganze Sze-
nerie wie Kino in der ersten Reihe. Nun sah ich einen Rothirsch,
wie man ihn selten sah. Ich kenne derartige Kapitale nur aus Un-
garn. Kräftiger, tief gehaltener Träger mit unglaublicher Brunft-
mähne. Mir flatterten die Knie. Beim Ansprechen zählte ich einen
ungeraden 26-Ender. Er schritt die Brunft-Arena regelrecht kö-
niglich ab. Zeigte den Tieren und seinen Nebenbuhlern, dass er
der Boss ist. Und, mein älterer Herr, was tat er? Er stand aufrecht
an einer kleinen Erle, legte seinen Drilling in eine Astgabel und
visierte den Hirsch an. Warum schießt er denn nicht? Eine gefühl-
te halbe Stunde verging, es waren tatsächlich nur etwa 40 Sekunden, dann brach der Schuß. Der Platzhirsch warf auf und trollte
davon. Oh je, mein Vater als super guter Schütze schoß vorbei?!
Die anderen Hirsche und Tiere waren weg. Mein Vater nahm die
Waffe herunter, sah zur Kontrolle nochmals mit dem Glas in
Schußrichtung und kam ganz ruhig zu mir herüber. „Oh, das tut
mir echt leid, dann eben ein anderes Mal!“, versuchte ich ihn zu
trösten. Fast wortlos deutete er an, dass wir gehen würden. Er
wolle sich nur nochmals den vermeintlichen Anschuß ansehen.
Dort angekommen, fing ich an, nach Schweiß oder gar Knochen-
splittern zu suchen. Mein Vater hatte sich unbemerkt einige Meter abgesetzt und rief: „Was suchst Du denn?! Komm rüber!“.
Mein älterer Herr grinste mir entgegen. Erst im letzten Moment
sah ich in hohem Gras einen Rothirsch liegen. Ich war völlig neben der Spur.

Was war geschehen? Mein Vater hatte zwar ebenfalls den starken Platzhirsch entdeckt und ihn auch angesprochen. Gleichfalls erblickte er einen für mich nicht sichtbaren Nebenbuhler.

Dieser Hirsch war wesentlich schwächer im Geweih und lauerte wohl eher auf eine Abstaubersituation. Als dieser Hirsch günstig stand, zog mein Vater ab. „Nun, was sagste?!" meinte er freudig. „Hm, naja, Waidmannsheil!" stotterte ich immer noch völlig überrascht.

Der Hirsch bekam wiederum alle Ehrenbezeigungen mit letztem Bissen, Inbesitznahmebruch etc., und wurde verblendet. Wir mussten nun den Abtransport organisieren. Glücklicherweise hatten wir ja unseren treuen Schäfer aus dem Nachbardorf. Mit seinem kleinen Pferdewagen und einem Pony davor kamen wir gut in das Gelände und mit dem aufgeladenen Hirsch auch wieder hinaus. Der Hirsch wurde dann ordentlich aufgebrochen und weiter versorgt. Als wir dann nach den Arbeiten alle zusammen saßen, meinte mein älterer Herr nur: „ Ich konnte einfach nicht, er sah so majestätisch aus. Da kam mir Dieser hier gerade recht!" „Du hast also innerhalb von wenigen Sekunden aus einem 1a-Erntehirsch einen 2b-Hirsch gemacht. Vater, Du bist ganz schön verrückt!", konnte ich nur erwidern. „Nun denn, lasst uns anstoßen! Waidmannsheil!".

Solch einer sollte es werden…. Nun ja!

Wie verschwanden die Enten?

Endlich Wochenende! Da ich noch keinen genauen Plan hatte, griff ich nach meiner Kamera und beschloss, eine Revierfahrt zu machen. Es war ein Freitagabend, Ende Juli, Anfang August. Ich fuhr also in das nahe gelegene Luch in Richtung Wublitz. Die Wublitz ist ein Havelseitenarm, der relativ selten mit Booten befahren wurde. Hier, an den Ufern, gibt es verschiedenste Wildtierarten. Vom Schwarzwild bis zu seltenen Vogelarten wie dem Fischadler. Ich fuhr also auf einem alten Feldweg meinem Ziel entgegen. Auf meiner Tour entdeckte ich bereits mehrere Stücken Rehwild, einen Feldhasen sowie einige Weißstörche, die die Luchwiesen nach Fressbarem absuchten. Endlich an der Wublitz angekommen, parkte ich mein Auto in der Nähe des Einhauses und schlenderte zum Ufer hinunter. Vielleicht konnte ich ja einen der vorlauten Drosselrohrsänger beobachten und fotografieren?
Nur wenige Meter seitlich von mir entdeckte ich diesen kleinen Krächzer. Er hockte ziemlich artistisch auf einem schräg stehenden Schilfrohrstengel und sang sein Lied. Ich brachte die Kamera in Position und schoß tatsächlich einige schöne Aufnahmen. Im Augfenwinkel sah ich nun, wie sich eine mittelgroße Ringelnatter schwimmend näherte. Auch sie wollte ich porträtieren. Doch in diesem Moment gab es einen sehr heftigen Schlag im Wasser am gegenüberliegenden Ufer. Eine Stockente mit Jungen knäkte erschrocken und versuchte, die kleinen Enten von diesem Ort wegzuführen. Da gab es einen zweiten Schwall, eine große Bugwelle und eine der kleinen Enten war nicht mehr zu sehen. Mir blieb fast das Herz stehen. Derartiges hatte ich noch nie gesehen. Da ich keinen Räuber, wie Waschbär, Fuchs, Marderhund etc. entdecken konnte, vermutete ich, dass dort ein kapitaler Hecht räuberte. Unmittelbar nach diesem Erlebnis brach ich meine Fototour ab und fuhr recht aufgeregt und grübelnd heim. So selten kommt es gar nicht vor, dass große Hechte sich mal eine junge Ente greifen. Nicht von ungefähr tragen beispielsweise die Hau-

bentaucher ihre Küken auf dem Rücken, wenn sie sich vom Nest entfernen. Von zu Hause rief ich meinen Bruder Bernd an und schlug ihm für den morgigen Samstag eine Angelfahrt mit dem Boot zur Wublitz vor. Er willigte mit großer Freude ein.
Nun wurde mittelschweres Angelgerät zusammengestellt. Ich suchte noch am Abend einige Laub- und Tauwürmer, die jeweils in eine Köderbox mit feuchtem Laub gegeben wurden.
Diese Köder könnten wir gut gebrauchen, falls es mit dem Mörder-Hecht nichts wird. Dann wären wir für einen Aal-Ansitz bestens gerüstet. Am Samstag war Bernd pünktlich zur Stelle, holte noch den Heckmotor aus der Garage und montierte diesen an sein Boot. Gemeinsam verluden wir die Ausrüstung. Kurz nach dem Ablegen von unserem Steg wurden frische Köderfische gesenkt und dann ging es ab zur Wublitz. Unweit des gestrigen Tatortes aber gut gedeckt verankerten wir unser Boot. Die Angeln wurden mit Köfis, also toten Köderfischen, beködert und mit gezielten Würfen platziert. Nun hieß es warten... Mein Bruder sinnierte noch darüber, ob ich mich denn nicht getäuscht haben könne. Vielleicht wäre ja der Räuber ein „normales" Raubtier gewesen und kein Fisch. Wir unterhielten uns leise weiter, da erhielt ich einen ganz vorsichtigen Biss. Was war das denn? Ich schlug an, verspürte kaum Widerstand.
Dann landete ich eine große Wollhandkrabbe. Diese Tiere sind nun auch in den Havelgewässern schon einige Jahre vertreten. Die Krabbe wurde getötet und in einen Behälter abgelegt. Sonst aber tat sich Nichts an den Angeln. Kein einziger Biss, keine Welle, kein Platschen in der Nähe. Was tun? Auch Bernd war ratlos und schlug vor, langsam aber sicher auf das Angeln der Aale umzustellen. Das taten wir dann auch. Ich hatte bereits meine beiden
Ruten technisch verändert, mit Tauwurm beködert und ausgeworfen. Mein Bruder, er ist Raucher, benötigte etwas mehr Zeit. Eine seiner Angeln war schon ausgelegt, die andere lag jedoch noch im Boot. Jeder Angler hat ja in seinem Zubehör viel Zeugs zu

liegen, welches eigentlich nicht benötigt wird. Da kam mir eine ziemlich absurde Idee. Ich nahm einen schwimmenden Wobbler in Mausform, umwickelte diesen mehrfach mit einem dicken Wollfaden und schob unter den Faden die Einzelteile einer zerschnittenen Schwanenfeder. Alles wurde mit Sekundenkleber fixiert. Diese nicht eierlegende Wollfedermaus hing ich meinem Bruder an das Vorfach und dieses wiederum an die Hauptschnur. „Auswerfen!", rief ich ihm zu. Er tat es, als wenn er einen Befehl erhalten hätte. Nun ja, Preussen eben. Ich schmunzelte in mich hinein. Bernd, der sehr viel von guter Köderführung versteht, begriff sofort. Das könnte unsere letzte Chance auf den Mörderhecht sein. Mein Fantasieköder tunkte nun an der Wasseroberfläche leicht auf und ab. Glücklicherweise hatten wir kaum Wind. So trieb die Federmaus kaum ab. Bernd machte gerade einen Scherz über dieses eigenartige Wesen am anderen Ende der Angel, da gab es einen kräftigen Schwall, der Köder war weg und die Rolle meines Bruders fing an zu singen. Der Kämpfer auf der anderen Seite war also ein großer Fisch. Aus Erfahrung zog ich sofort alle anderen Angeln ein und hob einen der zwei Anker an Bord. Mein Bruder hatte einen starken Drill zu leisten. Er konnte trotz vieler Erfahrungen nicht sicher sagen, welche Fischart denn da mit ihm kämpfte. Wir waren der Meinung, einen sehr großen Hecht zu drillen. Erst nach cirka 35 Minuten zeigte sich der Gegener meines Bruders an der Wasseroberfläche. Es war ein Wels! Oh Gott, dachte ich, hoffentlich hält die Montage und die Drillinge sitzen sicher. Nach weiteren langen 10 Minuten kam der Wels längsseits ans Boot und wurde von mir mit dem bekannten Griff ins Maul über die Bootsbordwand gezogen. Was für ein Fisch lag da vor uns. Wir hatten beide einen gefühlten Puls von 500 und bestimmt ganz weiche Knie. Der Raubfisch wurde weidgerecht getötet und versorgt. Auf der Heimfahrt freuten wir uns schon über die wahrscheinlich extrem erstaunten Gesichter unserer Familie. Am Ende wurde aus unserem Mörderhecht ein 1,47 Meter langer Mörderwels. Übrigens ist die Wublitz bekannt für gute

Welse. Vor einigen Jahren wurde dort ein Fisch von mehr als 2 Metern Länge tot aufgefunden.

Ein Traum von Wels – das Monster aus der Finsternis!

Jagende Schneemänner

Ende November, Anfang Dezember! Eine Zeit, in der Niemand Urlaub haben möchte. Nun ja, einige Jäger vielleicht, solche wie mein Vater…
Wie so manches Mal erhielt ich zu dieser Zeit einen Anruf:" Großer, hast Du Zeit? Es gab den ersten Neuschnee!" Natürlich hatte ich Zeit, Jagen mit meinem älteren Herrn war immer etwas Besonderes. Er wollte bestimmt den Schwarzkitteln auf die Schwarte rücken. Also wurde die Fotoausrüstung schnell zusammengestellt, die warme Jagdkleidung aus dem Schrank genommen und reisefertig verpackt. Wir trafen uns wiederum an Vaters Jagdhütte.
Als ich eintraf, begrüßte mein Vater und überraschte mich mit einer ungewöhnlichen Idee.
„Was Großer, Schwarzwildjagd?! Vergiss es. Ich hab etwas gaaaanz Anderes vor!" Er suchte in seiner Jagdkleidung herum und warf mir etwas Weißes zu. „ Versuch mal, vielleicht passt es ja?!" Ich entfaltete das helle Zeugs und „stieg" hinein. Nun ja, was soll ich sagen?! Es war ein sogenannter Schneeanzug.
Die Mutter meines Vaters, also meine Oma, war eine ausgezeichnete Schneiderin. Bei ihr hatte mein Vater die Anfertigung von 2 Schneeanzügen in Auftrag gegeben. Die Anzüge nähte meine Oma aus alten weißen Bettlaken in XXL-Größe. So konnten wir darunter unsere wärmende „normale" Jagdkleidung tragen. Eine wirklich hervorragende Tarnung war nun möglich.
Aber, was wollte mein Vater denn nun jagen? Er eröffnete mir nun, dass er sich aus dem Stützpunkt der Jagdgesellschaft eine kleinkalibrige Büchse mit Zielfernrohr geliehen habe und er mich überraschen wolle. Ich überlegte angestrengt hin und her, konnte aber nicht erkennen, was er vorhatte. Er meinte noch, dass ich die Kamera ebenfalls in weißes Tuch hüllen möge.
Wir stiegen also ins Auto und fuhren zu einer Waldkante, an der ein riesiger Acker mit einer Fläche von ca. 150 Hektar lag. Mein

Vater gab mir zu verstehen, dass er mitten auf diesen Acker wolle. Er sagte noch:" Sie sind schon da…wir müssen zum ehemaligen Luderschacht."
Wollte er den Füchsen an den Pelz? Ich begriff einfach gar nichts. Konnte ich auch nicht. Der Acker war hügelig und so konnte ich auch nicht erkennen, w e r oder w a s denn schon da sein sollte. Wir stiegen also als Schneemänner verkleidet aus dem Auto und schlichen nun über den ebenso weißen Neuschnee-Acker zum alten Luderschacht. Auf halber Strecke hörte ich plötzlich ein sehr vertrautes Geräusch. Da unterhielten sich ganze Familien… Es war ein lautes Schnattern. Nun war es klar. Mein älterer Herr wollte sein Waidmannsheil bei den Wildgänsen versuchen. Jetzt schlug mir aber doch der Puls ziemlich stark. Schließlich wusste ich, wie extrem wachsam diese Vögel waren. Nun machte auch das Tragen der Schneeanzüge für mich einen Sinn. Hierbei ging es nicht so sehr um die Vermeidung von Witterung oder Duftspuren in der Luft, sondern eher um tatsächlich optische Tarnung. Okay.
Wir schlichen also zu einer Erdhütte, die sich am alten Luderplatz befand und vor Jahren von uns gebaut wurde. Dieser Unterstand befand sich auf einem kleinen Hügel und hatte ein schützendes Dach sowie zwei Schießscharten. Das ganze Bauwerk überragte den Erdboden nur um knappe 50 cm. Wir hatten also unsere Winter-Luxus-Hütte erreicht, ohne dass die Gänse abzogen. Jetzt konnten wir uns etwas freier bewegen und unsere „Waffen" scharf machen. Zunächst wurde die gesamte Fläche mit dem Glas abgeleuchtet, das eventuelle Schussfeld sozusagen gescannt und nach den Gänsen geschaut. Vor uns lag ein riesiger Schoof Graugänse in der leicht verschneiten Saat. Es waren mehrere hundert Vögel. Ein fantastischer Anblick.
Mit der Schonzeitbüchse wollte mein älterer Herr versuchen, eventuell mehrere Gänse zu erlegen. Es ist eine leise Jagd auf immer nur ein genau ausgewähltes Tier. Darüber hinaus vermeidet man die Verletzung anderer Gänse durch einzelne Schrote.

Die kleinkalibrige Büchse ist also ideal für die Jagd auf großes Federwild.

Mein Vater hatte wohl ein etwas abseits äsendes Tier entdeckt. Er nahm es ins Visier und zog recht schnell ab. Die Gans sackte sofort zusammen und blieb im Feuer. Die anderen Tiere hatten Nichts bemerkt, alles blieb ruhig. Inzwischen schoss ich ebenfalls auf die Gänse… mit meiner Kamera. Nun hatte ich einige schöne Aufnahmen im Kasten. Jetzt hörte ich nur: „Rainer, da rechts, noch eine Einzelne." Mein Vater visierte schon an und flup! Der Schuss war gut. Auch die zweite Gans lag im Feuer. Nun setzte er sich und rauchte erstmal Eine. Ein Jäger, wie mein Vater, schoss sich nie in Rage. Schon aus Sicherheitsgründen blieb er immer besonnen. Jetzt hatte ich nochmals Gelegenheit das Treiben in der Gänsegesellschaft fotografisch aufzunehmen.

„Einmal versuch ich`s noch!" hörte ich es flüstern. Vorsichtig wurde noch eine Gans ausgewählt und mit einem zielsicheren Schuss erlegt. „Vater, ich sag nur Waidmannsheil!" Er war fantastisch in Form und echt stolz auf seinen Erfolg. Wir plauderten noch kurz in unserem Unterstand und dann schlichen wir vorsichtig und gut getarnt auf den Acker, um die erlegten Gänse zu holen. Das war sehr anstrengend. Die Wildgänse hatten immerhin ein gutes Gewicht.

Mit unserer Ankunft am Auto waren wir erst einmal richtig platt. Pause. Nun wurden die Gänse waidgerecht ausgeworfen und sauber in der Wildtransportschale unseres Autos abgelegt. Wir zogen unsere Schneemanns-Uniformen aus und ließen uns in die Autositze fallen. Zu Hause angekommen, wurden die Wildvögel zum Auskühlen abgehengt und wir heizten unseren Kaminofen an. Das Feuer loderte und mit Knistern und Knacken entstand eine wohlige Wärme. Nun setzten wir uns zu einem zünftigen Glas Rotwein und einem gut geräucherten Damwildschinken an den Tisch unserer Jagdhütte. Bis spät in die Nacht wurde noch das eine oder andere Jagderlebnis ausgetauscht. Das Beste an diesem Abend war allerdings, dass die anderen Tiere des Gänseschoofs

nicht verängstigt abgezogen sind. Sie hatten nun Ruhe und zuvor überhaupt Nichts bemerkt!
Für uns ging ein wunderbarer Jagdtag zu Ende. Waidmannsdank!

…wachsamer als so mancher (Jagd-)Hund!

Rotaugen und Brassen

Es liegt schon viele Jahre zurück. Dennoch erinnere ich mich gern an die morgentlichen Ausflüge zum kurzweiligen Stippangeln mit meinem Vater. An den Wochenenden hatte er manchmal arbeitsfrei. Hauptsächlich in den Sommermonaten, wenn es über den Tag hin richtig heiß wurde, ging es sehr früh an unser Lieblingsgewässer. Es war ein kleiner Stichkanal mit einem Stau-und Pumpwerk. Der Kanal verband die Havel mit einigen teichartigen Nebengewässern und einem Grabensystem. Diese Gräben dienten der Be-oder Entwässerung der Luchwiesen zwischen Golm und Geltow. Heute ist das Wehr abgesenkt und somit verschlossen, die Pumpen stillgelegt. Damals aber war der Kanal, den wir einfach nur den Graben nannten, durch die ständige Strömung, ähnlich wie bei einer Schleuse, ein echter Hotspot. Die Stippruten waren zu jener Zeit noch aus Bambus oder Tonkingrohr und recht schwer. Mit den richtigen Ködern waren wir aber immer sehr erfolgreich.

So hatte mein Vater bereits am Vorabend eines dieser Angelsamstage knackige Mistwürmer (auch Rotwürmer genannt) gesammelt. Ich befasste mich mit der Herstellung eines Angelteiges. So waren wir Beide gut vorbereitet. Als dann morgens etwa um 3:30 Uhr der Wecker klingelte, ging alles ganz schnell. Ruten, Köder, Setzkescher und Verpflegung geschnappt und ab ans Wasser... Zu dieser Zeit konnten wir uns die Angelplätze aussuchen. Es war noch Niemand außer uns am Graben. Um 4:30 Uhr waren wir angelbereit. Anfüttern mußten wir nicht. Die Fische waren immer vor Ort. Ich zog es vor, mit nur einer Rute und Teigköder zu angeln. Mein Vater hingegen fischte mit zwei Angeln. Eine wurde mit Rotwurm, die Andere mit Teig beködert. Bevor er allerdings die zweite Rute auswarf, steckte er sich noch schnell eine Zigarette an. Er genoß in tiefen Zügen seine „Turf" (Später sagte er einmal dazu: „Das war noch richtiges Rauchen!"). Derweil zog ich bereits die dritte Plötze, wie wir das

Rotauge nennen, und ließ sie in den Setzkescher gleiten. Nach nur einer halben Stunde hatte ich bereits 12 schöne Exemplare dieses unter guten Anglern sehr beliebten Weißfisches. Mein Vater fing bis zu dieser Zeit gerade einmal 2 Barsche und einen mittleren Blei. Auch diese Fische landeten im Setzkescher. Meine Freude darüber, etwas besser zu sein als mein älterer Herr, war groß. Immerhin war er ein sehr guter Angelfischer. Also fing ich weiter meine Plötzen und freute mich über jeden Fisch. Es war wirklich fantastisch. Man hatte das Gefühl, die Fische würden freiwillig in den Setzkescher wollen. Während dieser (schönen) Angel-Hektik bemerkte ich nicht, dass auch mein Vater seine Erfolge hatte. Er ließ sie sich nur nicht anmerken und mich in dem Glauben, er sei immer noch „hinter" mir. Nun ja, ein kluger Lehrer... Die Zeit verging, die Sonne stieg höher, die Mücken fingen an zu stechen und die Plötzen bissen immer noch. Nach mehr als 35 Fischen hörte ich auf, mitzuzählen. Es machte unglaublichen Spass, die beißfreudigen Fische anzulanden. Lange Weile kam hier nicht auf. Im Augenwinkel sah ich, wie mein Vater ab und zu einen Fisch landete. Ja, es plätscherte auch mal etwas stärker. Aber nicht so oft wie bei mir – dachte ich.

So gegen 10:30 Uhr dann rief mir mein Vater zu, dass wir doch jetzt das Angeln beenden sollten. Es wäre schon der richtige Zeitpunkt. Wir könnten ja dann einige Fische vielleicht sogar noch zum Mittagessen auf den Tisch bringen. Das war ein gutes Argument. Leckere Bratplötzen waren für mich eine Delikatesse. Gesagt, getan. Die Ruten wurden eingeholt, die restlichen Köder verpackt und nun den Setzkescher aus dem Wasser gehievt. Was für ein Gewicht, mein Setzkescher war richtig gut gefüllt. Die Fische zappelten und spritzen nur so herum. Ohne dass es je einen Wettkampf gab, schlenderte ich stolz zu meinem Vater hinüber und fragte:"Na, auch Fische gefangen?" Seine Antwort fiel knapp aus:" Jou, mien Jung!" Nun zog er seinen Setzkescher an Land. Ich glaubte meinen Augen nicht. Der Kescher war voller schöner, großer Brassen, Barsche und Plötzen. Sogar eine mittelgroße Schleie hat er gefangen. „Deine Plötzen sind Klasse!" sagte er nur. Dann schlenderten wir Beide mit einem breiten Grinsen im Gesicht nach Hause. Dort wurde Strecke gelegt und danach machten sich meine Oma und meine Mutter daran, die Fische zu schlachten, zu säubern und einige sogleich für das Mittagessen zu braten. Die restlichen Fische wurden ebenso gebraten und danach sauer eingelegt. Am Ende dieses erfolgreichen Angeltages hatten wir mehr als 14 kg Fisch gefangen, waren nach einem leckeren Mittagessen total satt und hatten viel zu erzählen....

Ein ansehnlicher Fang!

Lyrisches und Humor
(ggf. lange bekannt und dennoch amüsant)

Für Jäger:

Vor der Jagdhütte wurde gegrillt. Später fährt ein Jäger mit seiner Frau nach Hause. Er im Auto: "Himmel, war das heute ein Saufraß. Da hätten wir genauso gut zu Hause essen können!"

Herr Doktor, bitte helfen sie mir, jede Nacht träume ich von einem kapitalen Rehbock! Ja, träumen sie denn nie von etwas anderem, z.B. von einem Date mit einem hübschen Mädchen? Um Gottes Willen, Herr Doktor, damit mir ein anderer den Bock wegschießt!?

Am frühen Morgen geht ein Mann auf die Jagd. Im Wald angekommen, beginnt es zu regnen, der Wind nimmt zu. Der Mann beschließt umzukehren. Er kommt nach Hause, zieht sich aus und legt sich wieder zu seiner Frau ins Bett. "Wie ist es draußen?" fragt seine Frau gähnend im Halbschlaf. "Kalt, es regnet..." "... und mein Mann, der Idiot, ist auf die Jagd gegangen."

Treffen sich zwei Jäger im Wald, sagt der eine zum Anderen: "Gestern habe ich deine Frau getroffen." Darauf der andere: "Weidmanns dank!"

Für Angler:

Ein Kutter mit "Hochsee-Anglern" fährt an einer kleinen Insel vorbei, auf der ein zerlumpter bärtiger Mann wie wild mit den Händen fuchtelt. "Wer ist das?", will einer der Angler vom Kapitän wissen. "Ich weiß es auch nicht", meint dieser, "aber der freut sich immer so, wenn wir hier vorbeikommen."

Das Wichtigste beim Angeln sind lange Arme, damit man zeigen kann, wie groß der Fisch war!

" Sind Fische gesund, Herr Doktor?" "Ich glaube schon, bei mir war jedenfalls noch keiner in Behandlung."

Im Berliner Osthafen brüllt ein Mann laut um Hilfe: "Help! Help!" Kulle, der gerade auf der Kaimauer sitzend angelt und sich ruhig einen neuen Tauwurm aufzieht, brubbelt vor sich hin: "Du Dussel, statt Englisch hättest´e mal lieber Schwimmen gelernt..."

Gedicht:

Die Sorgen treibt es weg, bin ich am See zum Fischen,
am Strome oder Bach, mich köstlich zu erfrischen.
Der still bewegte Fluss mit seinem regen Leben,
möcht wohl uns Menschen auch ein rechtes Beispiel geben.
Geduld und Zuversicht enthüllen manche Nichtigkeit
die uns zuerst erschien von übergroßer Wichtigkeit.

Izaak Walton, anno **1653**

Kochrezepte:

Wildrezepte

Wildrezept Nr. 1
Reh-Medaillons mit Preiselbeer-Knödeln
Zutaten (für 4 Personen):
600 g Rehrückenfilet, 600 g mehlig kochende Kartoffeln, Meer-
salz, 150 g Butter, 80 g Kartoffelmehl, 1 Eigelb, aus der Mühle:
Pfeffer, Muskatnuss, 4 EL Preiselbeeren, beliebig: Thymian,
Rosmarin, Wildgewürz, 3 EL Semmelbrösel, 3 EL gemahlene
Haselnüsse, 200 ml Wildfond, 100 ml Portwein, 100 ml Rotwein,
Zubereitung:
Kartoffeln schälen, waschen, in Stücke schneiden und 20 Minu-
ten in Salzwasser kochen. In einem weiteren Topf reichlich Salz-
wasser aufkochen. 30 Gramm Butter zerlassen. Gekochte Kartof-
feln abgießen, kurz abdämpfen und heiß durch die Kartoffelpres-

se in eine Schüssel drücken. Mit Kartoffelmehl, der flüssigen Butter und Eigelb verkneten. Mit Muskat, Salz, und Pfeffer würzen.

Kartoffelteig zu einer „Rolle" formen und in acht Portionen teilen. In jede Portion eine Mulde drücken, ungefähr einen Teelöffel Preiselbeeren hineingeben, den Teig schließen und zu Knödeln formen. In kochendes Salzwasser geben und etwa 15 Minuten gar ziehen lassen. Die Knödel sind gar, wenn sie an die Wasseroberfläche hoch kommen. Inzwischen in einer ofenfesten Pfanne 20 Gramm Butter aufschäumen. Rehrückenfilet leicht salzen, nach Belieben mit Wildgewürz bestreuen und zusammen mit einigen Kräuterzweigen auf beiden Seiten in der Butter anbraten. Dann im Ofen etwa zehn Minuten gar ziehen lassen. Gegen Ende der Garzeit die Kerntemperatur mit einem Thermometer kontrollieren (bestens sind ca. 60-65 Grad). Die Garzeit eventuell noch etwas verlängern. In einer zweiten Pfanne 60 Gramm Butter aufschäumen. Semmelbrösel und Haselnüsse darin goldbraun anrösten. Dann mit Salz und Pfeffer würzen. Die Knödel mit einer Schaumkelle aus dem Kochwasser heben und über die Nussbrösel wälzen. Fleisch herausnehmen und einige Minuten ruhen lassen. Den Bratensatz mit Port- und Rotwein ablöschen, den Wildfond und die restlichen Kräuterzweige dazugeben und Alles etwas einkochen lassen. Den Rest der kalten Butter stückchenweise einrühren, nochmals einkochen lassen. Soße mit Salz und Pfeffer abschmecken. Rehfilet salzen, pfeffern, in dicke Scheiben, sog. Medaillons, oder der Länge nach in Streifen schneiden und mit Knödeln und der Soße anrichten.

Achtung: Alte Haselnüsse können das ganze Essen verderben. Also bitte nur Frische verwenden.

Wildrezept Nr. 2
Reh-Geschnetzeltes mit Waldpilzen
Zutaten (für 4 Personen):
600 g Oberschale vom Reh, oder auch: 600 g Rehrückenfilet, 40 g Traubenkernöl, 500 g gemischte Waldpilze, 50 g Schalotten, wenige Wacholderbeeren, 100 g Preiselbeeren, 8 cl Cognac, 20 g Schnittlauch, 60 g Butter, 4 dl Sahne, Salz, frisch gemahlener Pfeffer, 300 g Romanesco;
Zubereitung:
Die Pilze (Pfifferlinge, Steinpilze, Kräutersaitlinge oder andere Pilze) säubern und in Stücke schneiden. Den Schnittlauch in feine Ringe schneiden. Die Schalotten schälen und in feine Würfel schneiden. Einen Deziliter Sahne aufschlagen und kalt stellen. Den Romanesco waschen, putzen, kleine Röschen schneiden und in Salzwasser garen. Die Wacholderbeeren fein zerstoßen.

Das zuvor in für Geschnetzeltes geeignete Stücken geschnittene Wildfleisch in Bratfett ungefähr zwei bis drei Minuten leicht rosa braten. Anschließend ruhen lassen und warm halten.

Butter in die Pfanne geben, die gereinigten Pilze anbraten und würzen. Schalottenwürfel und Wacholder hinzugeben und mit Cognac ablöschen, die noch ungeschlagene Sahne zugießen und verkochen lassen. Das Geschnetzelte in die Pfanne mit den Pilzen geben und schwenken. Zum Schluss die geschlagene Sahne und den Schnittlauch dazugeben und nochmals abschmecken.
Anrichten:
Das Rehgeschnetzelte auf vorgewärmten Tellern mit den Pilzen anrichten. Auf jedem Teller einige Romanesco-Röschen anrichten. Zum Schluss die Preiselbeeren darauf verteilen.
Hinweis:
Das Fleisch erst kurz vor dem Braten würzen. Die Pfanne gut vorheizen. Einen Teil der Pilze erst zum Schluss zugeben (bleiben dann knackiger). Den Alkohol völlig reduzieren.

Wildrezept Nr. 3
Rehkeule mit Kroketten und Preiselbeer-Birne
Zutaten für die Rehkeule (für 4-6 Personen):
1 Rehkeule (2-2,5 kg), 2 EL Butterschmalz, 1 EL Wacholderbeeren, 1 EL Pfefferkörner, 1 Bund frischer Thymian, 1 Bund frischer Rosmarin, 1 Bund frisches Bohnenkraut, 1 Bund frische Petersilie, 1 Bund frischer Salbei, Salz;
Zubereitung:
Backröhre/Ofen auf 140 Grad vorheizen. Rehkeule waschen, trocken tupfen, das grobe Fett, Silberhäute und Sehnen entfernen. Butterschmalz in einer Pfanne erhitzen und die Rehkeule von allen Seiten gut anbraten. Die Kräuter waschen, trocknen und auf einem Backblech verteilen. Pfeffer und Wacholderbeeren in einem Mörser zerstoßen. Die Rehkeule zuerst mit Salz, dann mit dem Pfeffer-Wacholder-Gemisch gut einreiben, anschließend auf das Kräuterbeet (auf dem Backblech) legen. Das Backblech auf der mittleren Schiene in den Ofen schieben und die Keule eine Stunde garen. Je nach Alter und Qualität des Tieres kann die Garzeit etwas länger sein. Am besten prüft man die Kerntemperatur der Rehkeule immer wieder mit einem Fleischthermometer. Hat das Fleisch eine Kerntemperatur von cirka 65 Grad, ist es perfekt gegart, schön saftig und innen noch rosa.
Den Ofen ausschalten und die Keule etwa zehn Minuten ruhen lassen, damit sich der Fleischsaft wieder gut verteilt. Das Fleisch vom Knochen scheiden, dann in Portionsstücke teilen und mit der Soße und den anderen Beilagen servieren.
Zutaten für die Soße:
1 kg (geteilt in kleine Stücke) Rehknochen, ½ l Rotwein, ½ l Wasser, 1 Bund Suppengrün, 1 Zwiebel, 1 Zweig Rosmarin, 2 Lorbeerblätter, 1 TL Wacholderbeeren, 1 TL Pfefferkörner, Salz, 1 EL Honig, 1 EL Tomatenmark, den Saft einer Orange, Butterschmalz;

Rehknochen waschen und trocknen. Das Gemüse und die Zwiebel putzen und in Stücke schneiden. Knochen in einem Topf goldbraun rösten, dann das Gemüse und die Zwiebeln hinzufügen und ebenfalls etwas bräunen. Tomatenmark dazugeben, alles mit Rotwein und Wasser ablöschen. Zum Schluss Lorbeer und Rosmarin in den Fond legen und alles ca. eine Stunde bei mittlerer Stufe kochen lassen. Falls zu viel Flüssigkeit verdampft, Wasser und eventuell auch etwas Wein nachfüllen. Achtung, nicht zu viel, sonst verliert der Fond das Aroma. Den Fond durch ein feines Sieb, das mit einem Stück Küchenhandtuch ausgelegt ist, in einen Topf gießen. Dabei Knochen und Gewürze auffangen. Fond stark aufkochen und um ein Drittel reduzieren. Vorsichtig abschmecken mit Salz, Pfeffer, Honig und Orangensaft. Zum Würzen der Soße eignen sich auch Portwein oder ein Spritzer Balsamico. Wer möchte, kann die Soße auch noch binden. Einfach 50 Gramm weiche Butter mit 30 Gramm Mehl verrühren und löffelweise in den Topf geben, bis die Soße ausreichend sämig ist.

Zutaten für die Kroketten:
1,2 kg Kartoffeln (mehlig kochend), 3 Eigelb, 120 g Kartoffelmehl, 100 g Semmelbrösel, Muskat, Salz, 1 l Pflanzenöl (hoch erhitzbar);

Kartoffeln schälen, halbieren und in Salzwasser garen. Wasser abgießen und die Kartoffeln gut ausdämpfen und abkühlen lassen. Eigelb, Kartoffelmehl und die gekochten Kartoffeln in eine Schüssel geben und alles zu einem Teig quetschen. Die Masse mit Muskatnuss und Salz würzen. Den Teig auf einer mit Mehl bestäubten Arbeitsplatte etwa drei Zentimeter dick ausrollen. Daraus Streifen schneiden und aus diesen Rollen formen. Jede Rolle in 5-6 cm lange Stücke teilen und diese zu Kroketten formen. Die Kroketten in Semmelbrösel wälzen, bis sie rundum bedeckt sind. Pflanzenöl erhitzen, die Kroketten vorsichtig hineingeben und etwa fünf bis sechs Minuten frittieren. Sind sie goldbraun, die

Kroketten aus dem Frittierfett heben und auf Küchenkrepp abtropfen lassen.

Zutaten für die Birne mit Preiselbeeren:

4 Birnen, Honig, Butterschmalz, 1 Glas Preiselbeeren;

Birnen halbieren und das Kerngehäuse entfernen. Birnenhälften in eine feuerfeste Schale legen. Einigen Flocken Butterschmalz und etwas Honig auf die Früchte geben, dann bei 180 Grad für etwa 15 Minuten in den Ofen schieben. Die gebackenen Birnen mit Preiselbeeren füllen und mit der Rehkeule und den Kroketten servieren.

Wildrezept Nr. 4
Wildschweinkeule mit Rosenkohl und Kroketten mit Maronen:
Zutaten für Fleisch und Marinade (für sechs Personen):
2 kg Wildschweinkeule, 500 ml herber Rotwein, 500 ml Wasser, 125 ml Essig, 20 ml Öl, 1 Möhre, 1 Zwiebel, 1 Zehe Knoblauch, 1/4 Knolle Sellerie, 1 kleines Bund Petersilie, 1 Lorbeerblatt, 1 Zweig Thymian, 1 Nelke, 8 - 10 Pfefferkörner, 6 zerdrückte Wacholderbeeren, 2 Schnitzel Zitrone.
Die von Knochen befreite und gehäutete Wildschweinkeule waschen und in Rotweinmarinade einlegen. Dazu Möhre, Zwiebel, Knoblauch und Sellerie schälen und in Scheiben schneiden. Mit den weiteren oben genannten Zutaten gut vermischen. Die Marinade soll das Fleisch bedecken. Zugedeckt 24 Stunden kühl stellen und immer wieder wenden.
Zutaten zum Schmoren:
Salz, Pfeffer, 1 TL Paprikapulver (edelsüß), 4 EL Butter, 8 geräucherte Scheiben Speck, 6 zerdrückte Wacholderbeeren, 200 g Creme fraiche, 100 ml Portwein, etwas Pfirsich-Mandel-Marmelade;
Das Wildschweinfleisch aus der Marinade nehmen, trocknen und mit Salz, Pfeffer und Paprikapulver würzen. Den Backofen auf 190 Grad vorheizen. Die Keule mit den Gewürzen gut einreiben. Butter in einer Schmorpfanne erhitzen. Die Keule darin anbraten, dann die Speckscheiben um die Keule binden. Das Gemüse aus der Marinade neben die Keule legen und unter Rühren braten, bis es leicht gebräunt ist. Wacholderbeeren und Rotweinmarinade zugeben, aufkochen, zudecken und im Ofen eine Stunde schmoren. Dabei häufig mit dem Schmorfond übergießen. Den Braten herausnehmen, mit Folie abdecken und etwas ruhen lassen. Soße und Gemüse durch ein feines Sieb passieren, wieder in den Topf geben und mit Portwein, Creme fraiche, Salz, Pfeffer und - nach Geschmack auch mit Pfirsich-Marmelade - abschmecken.

Zutaten für den Rosenkohl:

600 g Rosenkohl, Salz, 1 Messerspitze Muskat, 3 EL Mandelblätter, 2 EL Butter;

Den Rosenkohl putzen und mit etwas Salz bissfest kochen. Die Mandelblätter in Butter leicht anbräunen und zusammen mit geriebener Muskatnuss über den Rosenkohl geben.

Zutaten für die Kroketten mit Maronen:

350 g mehlige Kartoffeln, 150 g Maronen, 20 g Butter, Salz, Pfeffer, 1 Messerspitze Muskat, etwas Milch, 1 Eigelb;

Kartoffeln und Maronen weich kochen, schälen und fein stampfen oder pürieren. Die Butter zugeben und mit Salz, Pfeffer und Muskat abschmecken. Eventuell noch etwas Milch unterrühren. Den Backofen auf 200 Grad Oberhitze einstellen. Das Kartoffel-Maronen-Püree in eine Spritztüte mit großer Sterntülle füllen und kleine Häufchen auf das Backblech spritzen. Das Eigelb mit einem Esslöffel Milch leicht aufschlagen, die Kroketten damit bestreichen und im Ofen goldbraun backen.

Wildrezept Nr. 5
Wildschweingulasch:
Zutaten (für 4 Personen):
1 kg Wildschweingulasch, 1 Zwiebel, 2 Möhren, 1/2 Bund Thymian, 2 Gewürznelken, 1/2 Zimtstange, 1 Lorbeerblatt, 1 EL Pimentkörner, 1 EL Wacholderbeeren, 1 TL schwarze Pfefferkörner, 500 ml trockener Rotwein, 200 ml roter Portwein, 4 EL Olivenöl, ein Stück Speckschwarte, Meersalz, aus der Mühle: Pfeffer, 1 EL Tomatenmark, 2 cl Cognac, 250 g Schalotten, 2-3 EL Johannisbeer-Gelee, nach Geschmack Aceto balsamico;
Zubereitung:
Fleisch in eine Schüssel legen. Zwiebel und Möhren schälen, würfeln und zum Fleisch geben. Thymian waschen, trocken schütteln, zusammenbinden und hinzugeben. Gewürze in ein Gewürzsäckchen geben, verschließen und hinzufügen, Rotwein und Portwein hinzugeben und alles zugedeckt im Kühlschrank zwei Tage marinieren. Zwischendurch wenden. Fleisch aus der Marinade nehmen und trocken tupfen, die Marinade durchsieben. Gewürzsäckchen und Thymian aus dem Gemüse nehmen. Öl in einem Schmortopf erhitzen und das Fleisch darin ringsherum kräftig anbraten, dabei die Speckschwarte mitbraten. Mit Salz und Pfeffer würzen und herausnehmen. Gemüse ins Bratfett geben und unter Rühren anbraten. Tomatenmark unterrühren, kurz mitbraten, mit Cognac ablöschen. Fleisch wieder hinzugeben und soviel Marinade hinzugießen, dass das Fleisch knapp mit Flüssigkeit bedeckt ist, Thymian wieder hinzufügen und alles zum Kochen bringen. Bei schwacher Hitze etwa 30 Minuten schmoren.
Schalotten schälen und unterheben. Das Gulasch etwa eine Stunde weitergaren, eventuell noch etwas von der Marinade (oder Brühe) hinzugießen. Gelee unterrühren und das Gulasch mit Salz und Pfeffer und eventuell etwas Aceto Balsamico abschmecken. Dazu passen Spätzle und gebratene Pilze.

Wildrezept Nr. 6
Hasenrücken mit Quittenmus, Rosenkohl und Ess-Kastanien:
Zutaten (für 4 Personen):
1 Hasenrücken (900 g; die Filets auslösen und die Knochen grob
zerkleinern), 1 EL Butterschmalz, 5 Zwiebeln, 1 TL Mehl, 1 Ltr.
Rotwein, 1 Lorbeerblatt, 4 Wacholderbeeren, 1 Nelke, 5 Pfefferkörner, 1 Glas Wildfond (400 ml), Salz, frisch gemahlener Pfeffer, 350 Gramm Rosenkohl, 2 Schalotten, 3 EL Butter, 2 EL Zucker, 300 Gramm Esskastanien (aus der Dose oder vakuumver-
packt), 320 Gramm Quittenpüree (siehe Hinweis), 3 EL gemahlene, frische Haselnüsse,

Zubereitung:
Die Hasenrückenfilets abspülen, Sehnen und Fett entfernen. Knochen und Fleischabschnitte in heißem Butterschmalz etwa 10
Minuten kräftig braun anbraten. Zwiebeln schälen, würfeln und 5
Minuten mitbraten. Mehl darüber stäuben und verrühren. Rotwein und Gewürze zugeben und im offenen Topf auf die Hälfte
einkochen lassen. Alles durch ein Sieb in einen kleinen Topf gießen. Den Wildfond zugeben und im offenen Topf auf etwa 200
ml einkochen lassen. Die Soße mit Salz und frisch gemahlenem
Pfeffer abschmecken. Rosenkohl putzen und in wenig Salzwasser
ca. 10 Minuten kochen. Schalotten schälen, fein würfeln und in 1
TL heißer Butter gelblich dünsten. Abgegossenen Rosenkohl zugeben und kurz schwenken. 1 EL Butter und Zucker in einem
Topf schmelzen und leicht bräunen (karamellisieren) lassen. 250
ml Wasser und die Kastanien zugeben und bei kleiner Hitze cirka
15 Minuten garen. Abgetropfte Kastanien zum Rosenkohl geben
und   warm   stellen.
Quittenpüree, Haselnüsse, 1 TL Butter und Zimt unter ständigem
Rühren erwärmen. Die Hasenfilets mit Salz und Pfeffer einreiben
und in der restlichen heißen Butter ringsherum braun anbraten.
Anschließend bei kleiner Hitze von beiden Seiten jeweils 3 Minu-

ten weiterbraten. Hasenrücken in Scheiben schneiden und mit dem Gemüse und dem Quittenmus auf vorgewärmten Tellern anrichten. Die heiße Soße über das Fleisch geben.

Hinweis: (Für 500 g Quittenpüree) 1kg Quitten einzeln in Alufolie wickeln. Im auf 160 Grad, Umluft 140 Grad, Gas Stufe 2 vorgeheizten Backofen, je nach Größe und Quittensorte, 1 bis 2 Stunden weich garen (mit einem Hölzchen einstechen und die Garprobe machen). Quitten abkühlen lassen, Alufolie entfernen und die Quitten durch ein Sieb streichen. Quittenpüree und 110 g Zucker aufkochen. In sterilisierten Gläsern hält sich das Püree im Kühlschrank etwa 2 Wochen. Oder Quittenpüree portionsweise einfrieren.

Wildrezept Nr. 7
Kaninchenkeule mit Grünkohl:
Zutaten (für 4-6 Personen):
4-6 Kaninchenkeulen, 500 g Grünkohl, 3 Schalotten, 2 Knoblauchzehen, 2 Tomaten, Schale und Saft einer 1/2 Zitrone, Butter-Olivenöl-Mischung, Wasser, Salz, Pfeffer, Muskat, 1 EL scharfer Senf.

Grünkohl in kochendem Salzwasser blanchieren, in Eiswasser abschrecken, anschließend das Wasser gut ausdrücken. Kaninchenkeulen am Gelenk halbieren, Schalotten schälen und in Lamellen teilen, die Knoblauchzehen andrücken. Olivenöl und etwas Butter in einem großen Schmortopf erhitzen. Die Kaninchenkeulen darin gut anbraten. Grünkohl, Schalotten, Knoblauch, Zitronenschale hinzufügen und mit Salz, Pfeffer und Muskat würzen. Alles gut vermengen, dann das Kochwasser vom Grünkohl hinzufügen, bis die Keulen und der Kohl leicht bedeckt sind. Das Ganze bei mittlerer Hitze 50 bis 60 Minuten köcheln lassen. Die Keulen sind gar, wenn sich das Fleisch leicht vom Knochen lösen lässt. Die Keulen aus dem Topf nehmen, das Fleisch vom Knochen lösen und in mundgerechte Stücke teilen. Das Fleisch zurück zum Kohl geben. Die Tomaten entkernen und in Würfel schneiden, dann unter den Kohl mischen. Alles mit Senf, Salz, Zitronensaft und etwas Muskat pikant abschmecken und noch einige Minuten köcheln lassen.

Als Beilage eignet sich ein Kartoffelstampf.
Zutaten für den Kartoffelstampf:
1 kg Kartoffeln, 1/4 l Sahne-Milchmischung, 2-3 EL Olivenöl, Schale einer 1/2 Zitrone, Salz, Muskat.
Dafür Kartoffeln schälen, kochen, dann grob zerstampfen und mit einem Gemisch aus Sahne und Milch verrühren. Mit Olivenöl, Salz, und geriebener Zitronenschale würzen und zum Kaninchenragout reichen. Dazu wird ein deutscher Riesling empfohlen.

Wildrezept Nr. 8
Damwildrücken im Speckmantel mit Chicorée

Zutaten für das Fleisch (für 4 Personen):
400 g Damwildrücken, 8 dünne Scheiben magerer geräucherter
Speck, 60 g Butter, 1 Zweig Rosmarin, Salz, Pfeffer;

Das Damwildrückenfilet in acht Medaillons schneiden, mit den
Speckscheiben umwickeln und einem Spießchen fixieren. In etwas Butter mit Rosmarin anbraten und von beiden Seiten jeweils
drei bis dreieinhalb Minuten leicht rosa braten. Anschließend
ruhen lassen.

Zutaten für die Soße:
400 g Wildknochen, 60 g Speck, 50 g Röstgemüse, 8 Wacholderbeeren, 6 g Tomatenmark, 100 ml Weißwein, 100 ml Sahne;
Die Wildknochen zerkleinern, blanchieren und anbraten. Wenn
die Knochen gut geröstet sind, das Röstgemüse hinzugeben und
ebenfalls Farbe annehmen lassen. Tomatenmark, Wacholderbeeren und Kräuter zufügen, rösten und mit Weißwein deglacieren.
Mit Wasser auffüllen und circa zwei Stunden köcheln lassen.
Passieren, auf einen halben Milliliter reduzieren, mit der Sahne
verkochen und mit Salz und Pfeffer abschmecken.

Zutaten für Chicorée:
4 Knollen Chicorée, 3 rosa Grapefruit, 70 g Butter, 30 g Zucker,
5 g Schnittlauch, Salz, Pfeffer;
Die Grapefruit schälen, filetieren und warm stellen. Zwölf
Schnittlauch-Spitzen von sieben Zentimeter Länge schneiden und
den restlichen Teil in feine Ringe schneiden. Den Chicorée grob
in schräge Stücke schneiden, dabei den unteren Kern weglassen.
Butter in einer Pfanne erhitzen, den Chicorée zugeben und zügig
glacieren. Gleichzeitig mit Zucker, Salz und Pfeffer würzen. Zum
Schluss die Schnittlauchringe zugeben.

Zutaten zum Anrichten:
40 g glacierte Walnüsse;
Den glacierten Chicorée auf die vorgewärmten Teller geben und die Damwild-Medaillons obenauf setzen. Die vorgewärmten rosa Grapefruitfilets anbei geben. Mit gehackten Walnüssen und Schnittlauch-Spitzen garnieren.

Wildrezept Nr. 9
Geschmorter Hirscheintopf

Zutaten (großer Topf):
800 Gramm Hirschfleisch (Bug, Keule), 500 Gramm Gemüse-
zwiebeln, 40 Gramm Ingwerknolle, 1 rote Pfefferschote, 1 EL
Butter, 1 EL Olivenöl, Salz, frisch gemahlener Pfeffer, 1 TL gemahlener Kreuzkümmel (Cumin), 2 Knoblauchzehen, 1 Lorbeerblatt, 600 Milliliter Sauerkirsch-Nektar, 1 Bund Suppengrün, ½
Bund Oregano.

Zubereitung:
Das Fleisch abspülen, mit Küchenkrepp trocken tupfen und in
etwa 4 cm große Würfel schneiden. Die Zwiebeln abziehen und
in Spalten schneiden. Ingwer schälen und fein reiben. Pfefferschote abspülen und fein hacken (mit Küchenhandschuhen arbeiten!).
Butter und Öl in einem großen Topf erhitzen. Fleischwürfel mit
Salz und Pfeffer würzen, in den Topf geben und bei starker Hitze
etwa 20 Minuten unter Rühren braten. Zwiebeln, Kreuzkümmel,
Ingwer und Pfefferschote zugeben und etwa 10 Minuten mit braten.
Knoblauch schälen und auf der Arbeitsfläche grob andrücken.
Knoblauch, Lorbeer, den Sauerkirsch-Nektar und 200 ml Wasser
mit in den Topf geben und aufkochen lassen.
Den Eintopf etwa 2 Stunden mit Deckel bei kleiner Hitze schmoren lassen. Zwischendurch umrühren und je nach Bedarf eventuell noch etwas mehr Flüssigkeit (Nektar oder Brühe) dazugießen.
Suppengrün putzen, abspülen und fein würfeln. Etwa 30 Minuten
vor Ende der Garzeit das gewürfelte Suppengrün unterrühren und
mitkochen   lassen.
Oregano abspülen, trocken tupfen und die Blätter von den Stielen
zupfen. Eintopf mit Salz und Pfeffer abschmecken und mit Oregano bestreuen. Dazu: Bandnudeln oder Bauernbrot

Wildrezept Nr. 10
Wildente in Rotwein
(Zutaten f. 4 Pers.)
2 Wildenten, 3 EL Butter 2 EL Honig 150 ml Rotwein herb, Salz,
Pfeffer aus der Mühle weiß, 0,5 Stck. Zitrone;
Die Enten mit Salz und Pfeffer würzen, dann mit der Butter in
den Bräter geben und für ca. 45 min in den auf 180° C vorgeheiz-
ten Ofen geben. Ca. 5 min vor Ende der Garzeit die Enten mit
Honig bestreichen . Nach Ende der Garzeit die Enten aus dem
Bräter nehmen und warm halten. Gießen Sie nun den Rotwein
und etwas Zitronensaft in den Bratenfond , lassen Sie alles aufkochen und würzen Sie mit Salz und Pfeffer und lassen Sie die Soße
etwas einkochen und dicken mit dunklem Soßenbinder an. Zu den
Enten reichen Sie Rotkohl und Klöße.

Wildrezept Nr. 11
Gebratene Gänseleber mit Mango
Zutaten (für 4 Personen):
4 Stück Gänseleber, 1 reife Mango, 1 rote Zwiebel, 3-4 Zweige
Thymian, 2 kleine Stücke Orangenschale, 1 Knoblauchzehe, Salz
und Pfeffer, fein-flockiges Meersalz, Olivenöl und Butterschmalz
Gänseleber vorsichtig von Sehnen und Fett befreien. Die Mango
schälen und das Fruchtfleisch in Scheiben schneiden. Die Zwie-
bel   ebenfalls   schälen   und   würfeln.
Butterschmalz und Olivenöl in einer beschichteten Pfanne erhit-
zen und die Leber darin kurz von beiden Seiten scharf anbraten.
Die Hitze auf die Hälfte reduzieren und die Leber drei bis vier
Minuten fertig garen. Dabei Thymianzweige, Orangenschale und
Knoblauchzehe   dazugeben.
Ein bis zwei Mangoscheiben auf Teller platzieren und mit Thy-
mianblättern und etwas Meersalz bestreuen. Die Leber leicht sal-
zen und pfeffern und auf die Mangoscheiben setzen. Darüber die
Zwiebelwürfel streuen, gegebenenfalls noch etwas gemörserten
Pfeffer dazugeben.

Fischrezept Nr. 1
Pochierte Hechtschnitten mit Apfel-Senfcreme:
Zutaten (für 4 Personen):
1 kg Hechtschnitten, 4 EL. Senf mittelscharf,
6 EL. Frischkäse (Doppelrahm), 4 Zwiebeln,
1-2 Äpfel (je nach Größe),
1 Eigelb, 200 g Möhren, 50 g Sellerie mit etwas Grün,
2 EL. Fischgewürz, 7 EL. Balsamico - Essig (blanco),
1 Stange Porree, 1 Petersilienwurzel mit etwas Grün,
3 Lorbeerblätter, 2 EL. gekörnte Gemüsebrühe,
11 EL. Butter, 500 g grüne Bohnen, Zucker, Salz.
Zubereitung:
Kartoffeln als Salzkartoffeln zubereiten.
Den entschuppten, gesäuberten Hecht in ca. 5 cm dicke Scheiben
(Schnitten oder Koteletts genannt) schneiden. Bei Hechten über 5
kg die Bauchlappen-Bereiche ohne Gräten vor dem Zerteilen ab-

trennen. Gemüse putzen, Äpfel schälen, entkernen und in Würfel schneiden. Petersilie spülen und hacken, Sellerie, Petersilienwurzel in Würfel, Möhren in Stifte schneiden. Porree in Scheiben schneiden, geschälte Zwiebeln vierteln. 2 Liter Wasser mit Essig, gekörnter Brühe, Lorbeer- und Sellerieblättern, Fischgewürz, einem TL Salz sowie dem Gemüse aufkochen. Dann ca. 5 Min. langsam kochen lassen. Hechtschnitten zugeben und bei mäßiger Hitze etwa 20 Min. gar köcheln. Nach 15 Min. bereits die Bauchlappen zugeben. Inzwischen die Apfelwürfel mit Senf, Frischkäse sowie dem Eigelb fein pürieren. Die Bohnen in mit etwas Salz und ca. einem halben TL Zucker gewürzten Wasser garen, abgießen sowie mit etwas Petersilie in 3 EL. Butter schwenken. Bauchlappen von der Haut befreien und in kleinere Stücke teilen. 8 EL. Butter in kleiner Pfanne schmelzen (nicht braun werden lassen) und abwechselnd mit der Apfel-Senfcreme zu Fisch und Kartoffeln geben. Man reicht am besten Salzkartoffeln dazu und einen frischen Salat nach eigener Fantasie. Noch etwas: Die Stücken der Bauchlappen in die Würzbrühe geben, in Tassen abfüllen sowie mit einigen Stücken vom garen Gemüse als „Nebenspeise" zum Naschen reichen. Passt überraschend gut.

Fischrezept Nr. 2
Hechtschnitten auf Stettiner Art:
Zutaten:
1 mittelgroßer Hecht, Salz, Saft einer Zitrone,
3 EL. Mehl, Butter oder Öl zum Braten,
50 g feingewürfelter Speck, 1 kleingeschnittene Zwiebel,
1 halbes Lorbeerblatt, 1 EL. Mehl, 250 ml Sahne, 1 Glas Weißwein,
Zubereitung:
Den Hecht waschen, säubern und in dicke Scheiben schneiden.
Von allen Seiten salzen und mit Zitronensaft beträufeln. Nun in
Mehl wälzen und in heißem Fett von beiden Seiten braun braten.
Den Speck auslassen, die Zwiebel darin glasig dünsten. Das Mehl
darüber streuen und unter Rühren mit der Sahne und dem Wein
auffüllen. Die gebratenen Hechtschnitten in die Soße geben und
10 Min. darin ziehen lassen. In einer vorgewärmten tiefen Platte
servieren. Dazu passen ebenfalls Salzkartoffeln oder aber auch
einfach ein paar Weißbrotscheiben...

Fischrezept Nr. 3
Gebratener Zander mit Rote-Bete-Topinambur-Salat:
Zutaten (für 4 Personen):
8 Stücke (je 35-50g mit Haut) Zanderfilet, 2 mittelgroße Knollen
Rote Bete, 5 mittelgroße Knollen Topinambur, 1 kleiner Friséesalat, 1 Schalotte, 1 rote Zwiebel, 1 Limette, 1/2 Becher Sahne, 1
Eigelb, 1/4 l Hühnerfond, 5 cl Noilly Prat, 1 Bund Gartenkresse,
1 EL Senfkörner, 5 EL Mehl, 2 EL Rotwein-Essig, 4 EL Öl;

Rote Bete kochen, schälen, vierteln und in dünne Streifen schneiden. Topinambur schälen, die Spitzen abschneiden und diese in
dem Hühnerfond mit der gewürfelten Schalotte, dem Noilly Prat
und den Senfkörnern um ein Drittel reduzieren. Pfeffern, salzen
und danach pürieren. Diese Soße warm stellen.
Die restlichen Topinambur-Knollen längs vierteln und in feine
Scheiben schneiden. Die Topinambur-Scheiben in etwas Öl anrösten, salzen, pfeffern und etwas Limette einträufeln. Die fein
geschnittene rote Zwiebel dazugeben, etwa eine Minute garen
lassen, in eine große Schüssel geben und auskühlen lassen.
Den gerupften Friséesalat einstreuen, die Rote Bete und die abgeschnittene Gartenkresse dazugeben. Alles mit Essig und Öl mischen und gut abschmecken. Die Zanderfilet-Stücke salzen, pfeffern, mit Limette beträufeln und mehlieren. Von beiden Seiten
ungefähr eineinhalb Minuten braten - zuerst auf der Haut. Die
Soße mit Sahne und Eigelb verquirlen und binden. Den Salat auf
Tellern anrichten, die Zanderfilets darauf legen und mit der Soße
begießen. Dazu wird ein kräftiger Weißwein empfohlen. Guten
Appetit!

Fischrezept Nr. 4
Zander mit Pfifferlingen:
Zutaten (für 2 Personen):
100 g durchwachsener Speck, 1 Zwiebel, 150 g Pfifferlinge, 1/2
Bund krause Petersilie, 2 Zanderfilets mit Haut (à 150 g), 2 El
Butterschmalz, Salz, Pfeffer;
Zubereitung:
Speck und Zwiebel fein würfeln. Pfifferlinge putzen. Petersilien-
blätter von den Stielen zupfen und hacken. Zanderfilets halbieren
und die Haut mehrmals mit einem scharfen Messer schräg ein-
schneiden. Speck in einer heißen Pfanne 5 Min. braten. 1/2 El
Butterschmalz und Zwiebel zugeben und bei mittlerer Hitze 3
Min. mitbraten. Speck-Zwiebel-Mischung aus der Pfanne nehmen. 1/2 El Butterschmalz in der Pfanne erhitzen. Pfifferlinge
darin bei starker Hitze 5-7 Min. braten. Speck-Zwiebel-Mischung
und Petersilie untermischen. Mit Salz und Pfeffer würzen und aus
der Pfanne nehmen.
1 El Butterschmalz in der Pfanne erhitzen. Zanderfilets mit Salz
und Pfeffer würzen. Filets erst auf der Fleischseite 2 Min. braten.
Dann wenden und auf der Hautseite bei mittlerer Hitze 5 Min.
braten. Pfifferlinge zugeben, kurz erwärmen und mit dem Fisch
servieren. Dazu passen Salzkartoffeln.

Fischrezept Nr. 5
Flussbarsch auf Schweizer Art
Zutaten für 4 Personen:
600 g Flussbarschfilets, 20 ml Weißwein, 1 TL Salz,
2 Prise(n) Pfeffer, 3,5 EL Mehl, 50 g Butter (flüssig),
1 mittlere Zitrone, 1 EL Bratfett;
Fischfilets in eine weite Form legen. Wein darüber gießen, zugedeckt im Kühlschrank ca. 1 Stunde ziehen lassen. Fischfilets abtropfen, trocken tupfen, würzen und im Mehl wenden.
Überschüssiges Mehl abschütteln. Bratbutter in einer Bratpfanne
heiß werden lassen, Hitze reduzieren. Fische beidseitig ca. 11
Minuten braten, dann warm stellen.
Butter in derselben Pfanne heiß werden lassen, bis sie schäumt
und hellbraun ist. Butter über die Fischfilets träufeln. Mit Zitro-
nenscheiben garniert servieren.
Dazu passt ein leckerer Gurkensalat und Kartoffelstampf

Fischrezept Nr. 6
Waller (Wels) im Wurzelsud mit Meerrettichsoße

Zutaten für 4 Personen:
1 große Möhre, 100 g Knollensellerie, 1 rote Zwiebel, 1/2 Stange
Lauch, 2 große Wallerfilets mit Haut und ohne Gräten (à ca. 400
g), 8-10 schwarze Pfefferkörner, 1 EL Rapsöl, 1 EL Weißweines-
sig, 150 ml Weißwein (z. B. Riesling), 400 ml Fischfond, 2 Lorbeerblätter, 2 Gewürznelken, 1 EL Senfkörner, 150 g Sahne, 3 EL
frisch geriebener Meerrettich (oder aus dem Glas), Salz, Pfeffer,
50 g kalte Butter, frisch geriebener Meerrettich zum Bestreuen,
kleine Dillzweige zum Garnieren (nach Belieben)
Zubereitung:
Die Möhre und den Sellerie schälen. Die Zwiebel schälen und
halbieren. Den Lauch putzen, längs halbieren und gründlich waschen. Das Gemüse und die Zwiebel in Streifen schneiden. Die
Wallerfilets gründlich waschen, mit Küchenpapier trocken tupfen
und in 8 Stücke teilen.
Die Pfefferkörner in einem Mörser zerstoßen. Das Öl in einem
breiten Topf erhitzen, die Zwiebel- und Gemüsestreifen darin ca.
1 Min. andünsten, dann mit dem Essig ablöschen. Den Wein und
Fischfond dazu gießen. Pfeffer, Lorbeerblätter, Nelken und
Senfsaatkörner hinzufügen und alles erhitzen. Die Wallerstücke
in den siedenden Sud (er soll nicht kochen!) legen und in 10-12
Min. garen.
Die Fischstücke und das Gemüse mit einer Schaumkelle aus dem
Sud heben und zugedeckt warm halten. Die Hälfte des Suds
durch ein feines Sieb in einen anderen Topf gießen, mit der Sahne
und dem Meerrettich offen bei mittlerer Hitze in 6-8 Min. um die
Hälfte einkochen lassen. Den restlichen Sud warm halten.
Die Meerrettichsoße mit Salz und Pfeffer würzig abschmecken.
Die kalte Butter dazugeben und die Soße mit dem Pürierstab
schaumig aufschlagen.

Den Fisch und die Gemüsestreifen auf tiefe Teller verteilen. Etwas von dem restlichen heißen Wurzelsud darüber geben. Mit frisch geriebenem Meerrettich bestreuen und nach Belieben mit kleinen Dillzweiglein garnieren. Die Meerrettichsoße extra dazu reichen. Dazu passen Salzkartoffeln.

Fischrezept Nr. 7
Kräuter-Fischbuletten
Zutaten (für 5-6 Portionen):
600 Gramm Weißfischfilet (ggf. zuvor als TK „gesammelt") , 2
Eier (Größe M), 1 große Schalotte, 1 kleine Knoblauchzehe, 3 - 4
EL Semmelmehl, 1 EL neutrales Pflanzenöl, 1/2 Bund Schnitt-
lauch, 1/2 Bund Dill, 1 - 2 TL frisch gepresster Zitronensaft,
Meersalz, weißer Pfeffer aus der Mühle, Semmelmehl zum Panie-
ren, reichlich Butterschmalz zum Braten
Zubereitung:
Die Fischfilets halb auftauen lassen. Dann mit einem scharfen
Kochmesser in Würfel schneiden und grob hacken. Sie sollten
noch kleinstückig sein. In eine Schüssel geben und mit dem Zitronensaft vermengen.
Schalotte fein, Knoblauchzehe sehr fein würfeln bzw. hacken und
in Öl bei mittlerer Hitze in etwa 6 Minuten weich dünsten. Vom
Herd ziehen und etwas abkühlen lassen. Den Schnittlauch in kleine Röllchen schneiden und den Dill hacken. Nun Schalottenge-
misch mit den vorbereiteten Kräutern zu der Fischmasse geben,
zwei kleine Eier dazu und das Semmelmehl zur Bindung einstreuen. Alles mit der Fischmasse mit einer Gabel sehr gut vermischen. Mit Salz und Pfeffer kräftig würzen.
Mit feuchten Händen (ggf. Küchen-Einweg-Handschuhe nutzen)
aus der Fischmasse 10 - 12 Buletten formen und in Semmelmehl
wenden. Für noch etwa eine halbe Stunde in den Kühlschrank
stellen.
In einer beschichteten großen Pfanne reichlich Butterschmalz
erhitzen und die Fischbuletten auf jeder Seite bei zuerst auf Stufe
7 (Ceranfeld) dann auf Stufe 5 unter wenden etwa 7 - 8 Minuten
knusprig goldbraun braten.
Beilagen: Zu den leckeren, saftigen und würzigen Fischbuletten
schmeckt eine herzhafte Senfsoße und Salzkartoffeln oder Kartoffelstampf und ein frischer Dill-Gurkensalat vorzüglich.

Fischrezept Nr. 8
Bunte Fischsuppe
Zutaten
500 g Fischfilet (große Brassen, Rotaugen, ggf. Flussbarsch)
2 Zwiebeln, 40 g Margarine, 20 g Mehl, 1 Ltr. Fleischbrühe (ggf.
aus Brühwürfeln), 250 g Wurzelwerk, 2 Tomaten, 1 Teel. Senf, 1
Essl. Tomatenketchup, Salz, 1 – 2 Teel. Kapern, 4- 6 Essl. saure
Sahne, 2 Essl. gewiegte Petersilie, 2 Essl. gehackter Dill, Weiß-
brot-/Toastbrotscheiben.
Die gewürfelten Zwiebeln in der Margarine goldgelb dünsten, mit
Mehl kurz durchrösten und die Brühe aufgießen. Wurzelwerk und
Tomaten in kleine Würfel schneiden und zugeben. Mit Senf, To-
matenketchup, Salz und Kapern würzen, 5 Minuten ziehen lassen,
Fischfilet in grobe Würfel schneiden, auf kleiner Flamme 15 – 20
Min. in der Brühe ziehen lassen. Vor dem Anrichten mit saurer
Sahne, Petersilie und Dill abschmecken. Die Suppe mit den ge-
rösteten Weißbrotscheiben bedecken.

Kurioses aus der Wild-und Fischküche

Wildrezept Nr. 12
Schnepfendreck

Man nehme die Eingeweide der Schnepfe (aber nicht den sandge-
füllten Magen) und eben soviel Gänseleber (damit es mehr wird),
etwas rohen Speck vom Schwein, und hackt dann alles fein. Salz,
frisch geriebenen schwarzen Pfeffer dazu und rohe Eidgelb. Gut
vermengen.
Dann kleine Brotstücke in Butter beidseitig goldgelb rösten und
die Masse (sieht jetzt aus wie Blutwurst) darauf streichen. Auf
das Backblech Butter streichen, die bestrichenen Brötchen darauf
legen und ein paar Minuten in den heißen Backofen schieben.
Fertig ist der Schnepfendreck.

Benötigt werden:
Der dünne Darm, das Herz, die Leber (Gallenblase und -gang
vorsichtig entfernen!)

Wildrezept Nr. 13
Nutria mit Pilzsoße

Wildgericht aus DDR-Zeiten; leckeres, leider etwas unbekanntes Wild; gute Alternative zum Kaninchen
Der Nutria ist unter Unwissenden leicht verpönt, wird er doch auch Biberratte genannt, obwohl er gar keine Ratte ist. In der ehemaligen DDR konnte man das Fleisch relativ häufig beim Fleischer oder im staatlichen Handel erwerben. Auch Farmen gaben die Tiere gern direkt ab. Heute hat man noch gute Chancen, frisch geschlachtete Ware in Holland zu erhalten.

Zutaten: (für 2 Portionen)
1 Nutria (ca. 2 kg), 20 g getrocknete Mischpilze, Thymian, Kerbel, 25 g Schmalz, gekörnter Senf (scharf), 0,5 ltr. trockener Wein (rot oder weiß), 200 gr. Schmand (oder Crème fraîche).

Zubereitung:
Das Tier zerlegen, Vorder- und Hinterläufe vom Körper trennen. Fett und Silberhäute entfernen.
Die Pilze in Wasser einweichen, das erste Wasser nach ca. 20 min abgießen, die Pilze etwas ausdrücken und erneut mit Wasser bedecken. Ca. 90 min einweichen lassen. Das Wasser nicht weggießen. Die Läufe pfeffern, salzen und mit Senf einreiben.

Das Schmalz erhitzen und wenn es anfängt leicht zu rauchen, die Keulen in selbiges geben und beidseitig scharf anbraten. Wenn das Flcisch Farbe angenommen hat, die Pilze, mitsamt dem Wasser zugeben und den Topf schließen, Thymian und Kerbel zugeben. Den Wein nach und nach zugießen. Die Soße letztendlich mit Schmand oder Crème fraîche binden und abschmecken, dabei darauf achten, dass die Soße nicht mehr kocht, da sonst der Schmand bzw. die Crème fraîche ausflocken.

Dazu passen ein kräftiger Rotkohl und Semmelknödel bzw. Kartoffeln. Aus den verbliebenen Rumpfteilen kann man dann ein Ragout zubereiten.
Hinweis: Der Kopf sollte nicht verarbeitet und serviert werden. Die Nagezähne des Tieres sind farbig und wirken rattenartig.

Der Nutria, auch Sumpfbiber, wesentlich kleiner als der Biber, jedoch größer als der Bisam.

Fischrezept Nr. 9
Aal in Bier gekocht – nach einem Rezept aus dem Jahre
1875 in originaler Schreibweise!!

Die Zutaten:
2 große Aale,   3-4 mittlere Zwiebeln,   1 Petersilienwurzel, 2
Scheiben Sellerie, 1 Citrone, ¼ Pfund Butter, 1 ½ Liter Braunbier, Salz, Kreidenelken, 2 Lorbeerblätter, einige Körner englisch Gewürz, für einen **„Silbergroschen"** Kochpfefferkuchen
Die Zubereitung:
Nachdem man zwei große Aale getödtet hat, zieht man ihnen
nach Belieben die Haut ab, oder reibt sie auch nur mit Salz und
einem trockenen Lappen gut ab, wäscht sie, schneidet sie in zwei-
fingerbreite Stücke, besalzt sie und läßt sie zwei bis drei Stunden
stehen. In den zum Kochen bestimmten Kessel streut man ein
wenig Salz, legt eine Schicht Aalstücke, dann drei bis vier mit
Kreidenelken bespickte Zwiebeln von mittlerer Größe, zwei Lorbeerblätter, eine in Scheiben geschnittene Petersilienwurzel und
zwei Scheiben Sellerie heran, schichtet darüber die übrigen Aalstücke, gießt ein und einen halben Liter gutes kräftiges Braunbier
und soviel Wasser hinzu, daß es mit den Fischen gleich steht,
bringt sie zum Feuer, läßt sie aufkochen und schäumt sie dann gut
aus.
Nun legt man ein viertel Pfund Butter und einige Körner englisch
Gewürz heran, für einen **Silbergroschen** Kochpfefferkuchen zer-
rühre man mit etwas von der Aalbrühe und gieße es hinzu.
So läßt man die Fische eine Viertelstunde kochen, legt kurz, bevor man sie vom Feuer nimmt, eine in Scheiben geschnittene, gut
geschälte, von allen Kernen befreite Citrone an. Beim Anrichten
lege man die Citronenscheiben und die bespickten Zwiebeln auf
die Aale. Die Soße läßt man noch einige Minuten aufkochen,
schöpft einige Löffel davon über die Fische und gibt die anderen
in einer Sauciere dazu. Man kann die Aale auch mit Karpfen oder
großen Brassen kochen.

Loh, Johanna: Praktisches Kochbuch, enthaltend über 1600 Re-
cepte, Elbing: Neumann-Hartmann's Verlag **1875**, 511 Seiten, S.
58

Fast wie im Schlangennest…

Epilog:

Kürzlich traf ich am Oder-Spree-Kanal einen Angler, der mir sagte, ihm sei das Fangergebnis egal. Wichtig sei das Naturerlebnis allgemein. Nur „hier draußen" finde er Ruhe, könne abschalten und dem Alltag etwas entfliehen...
Natürlich freut sich Jede/r über einen Jagd-oder Angelerfolg. Und selbstverständlich auch über das anschließende (Fest-)Essen. Dennoch empfand ich diese Haltung des Anglers als allgemeingültig für uns alle. Geht doch unser Engagement weit über das Thema des „Beute-machens" hinaus. Unendliche Stunden ehrenamtlicher Arbeit zur Erhaltung, Säuberung und Pflege unserer Gewässer, Wälder und Auen (eigentlich der gesamten Flora und Fauna) werden von Jägern und Anglern geleistet. Das ist ein echter – und meßbarer – Beitrag zum Naturschutz. Der Anteil der Hege-Arbeit überwiegt bei Weitem. So gelang es beispielsweise im Norden Brandenburgs, seltene Forellen und Lachse wieder anzusiedeln. Die Jäger sorgen mit gezielter Schwarzwildbejagung für die Verringerung bzw. Eindämmung von Wildschäden auf landwirtschaftlichen Nutzflächen. Die Falkner gar sorgen für Sicherheit auf unseren Flugplätzen indem sie Raben- u. Krähenvögel sowie andere Großvögel durch Einsatz ihrer Beizvögel fernhalten. Um nicht Alles zu verklären, ja, es gibt auch schwarze Schafe in unseren Reihen. Diesen Einzelfällen treten wir jedoch konsequent entgegen.
Bedauerlicherweise sind einige Tierarten, wie zum Beispiel der Feldhase und der Flussaal in unseren Breiten bereits stark bestandsgefährdet. Dennoch dürfen sie noch bejagt bzw. beangelt werden. Hier die Bitte des Autors, ggf. doch zurückhaltend zu sein. Noch besser wäre ein selbst auferlegter Bejagungs-oder Beangelungs-Verzicht. Vielen Dank!

Abschließende Bemerkungen:

Dieses Büchlein erhebt keinerlei Anspruch auf Vollständigkeit.
Es gibt und gab unzählige, niedergeschriebene Erlebnisberichte und ebenso viele Rezepte für Wild- und Fischgerichte. Der Autor unternahm hier den Versuch, diese Themenkomplexe zusammen zuführen. Denn, welcher Jäger ißt nicht auch gern Fisch und welcher Angler hat noch kein Wildgulasch probiert? Ja, mit Sicherheit einige Wenige. Die Meisten von uns sind jedoch tolerant und experimentierfreudig. So soll es auch bleiben!
Dem Autor ist es ein Herzensanliegen, allen Jagd-und Angel-Kritikern zu sagen, dass die weitaus größten Wildtierverluste nicht durch Jagen und Angeln verursacht werden, sondern durch den Verkehr auf Straßen, Schienen und Wasserstraßen. Den Rest „erledigt" die Industrie durch Kraftwerke, Turbinen, Windräder und Hochspannungsleitungen. Und wenn man das Thema aus einer nochmals anderen Perspektive betrachtet, könnte man sagen, dass jede/r Fahrer/in von Kraftfahrzeugen ein potenzieller Jäger ist.... Die Anzahl von Wildunfällen in Deutschland ist extrem hoch und die illegale Mitnahme des „erlegten" Wildes auch. Ebenso distanziert sich der Autor von der reinen Trophäenjagd, insbesondere auf Großwild- und Raubwildarten auf anderen Kontinenten. Leider pflegten und pflegen nicht nur ein spanischer König (mit einem erlegten Elefantenbullen) und ein amerikanischer Zahnarzt (Löwe Cecil aus Simbabwe) sondern auch so mancher Funktionsträger und Manager aus (auch der deutschen) Politik, Wirtschaft und anderen Bereichen der Gesellschaft diese zweifelhafte Betätigung und das in unserer heutigen Zeit. Damit sollte endgültig Schluss sein! Sinnvolle Jagd- und Angelsportausübung ja, Schieß-und falscher Trophäeneifer nein!

Für das Lesen meiner Zeilen sage ich
herzlichst Petri Dank und Waidmannsdank!

Ich bin dann mal… angeln!

Der Autor bei der Arbeit

Haftungsausschluss:

Der Autor lehnt jegliche Haftung aus Rechtsverletzungen Dritter ab, die sich aus dem Inhalt des Buches durch Nachahmungen, „Kopieren" oder Wiederholen, durch Tun oder Unterlassen jeglicher Art ergeben. Dies gilt insbesondere für die Nutzung der Rezepte dieses Büchleins.

Gleichfalls haftet der Autor nicht für die Richtigkeit und ggf. für die Rechtsfolgen von Tipps und Hinweisen.

Es lag dem Autor fern, irgendwelche Geschäftsinteressen Dritter zu verfolgen. Auf den Fotos ggf. abgebildete Logos und/oder Firmenzeichen sowie Schriftzüge, die sich zu Werbezwecken Dritter an Gebäuden oder Fahrzeugen oder anderswo befinden, sind ausschließlich deshalb zu sehen, weil sie Teil des üblichen und somit öffentlichen Alltags sind. Die diesbezüglichen Fotos zeigen das Allgemeingeschehen. Die Logos etc. sind Nebensache auf den Abbildungen und daher im Sinne einer Autorenhaftung nicht relevant.

Des Weiteren beruft sich der Autor auf die Pressefreiheit sowie die Panoramafreiheit.

Keinesfalls lag es in Autorenabsicht, Personen, die glauben, sich ggf. in den Texten des Buches namentlich wieder zu erkennen, zu diskreditieren. Auch hier beruft sich der Autor auf das übliche Recht zur Information der Allgemeinheit und die sogenannte künstlerische Freiheit.

Quellen:
Fotos auf Seiten 14 und 85: „Jens Kn." von der www.fotocommunity.de ;
Fotos auf Seiten 20, 23 und 41, 45: Bernd Witkowski;
Titelbild: Collage des Autors;
Storys und Rezepte: Erinnerungen u. persönliche Notizen des Autors.
Besonderer Dank an „pixabay", einer Fotografencommunity.

Der Autor - Vita:

Rainer Witkowski wurde in Potsdam geboren. Zur Schule ging er in Geltow und später in Potsdam. Hier absolvierte er erfolgreich das Helmholtz-Gymnasium. Es folgte ein Jura-Studium und eine jahrelange Tätigkeit bei der Deutschen Post. Nach der Wende arbeitete der Autor fast 20 Jahre lang in der privaten Versicherungswirtschaft. Und hier wiederum gut 13 Jahre als Manager im Schadenbereich großer Versicherungsgesellschaften. Heute wohnt R.W. in Berlin, ist als freier Journalist und Buchautor für verschiedene Medien tätig.

Der Autor im Internet:

www.unobrain.de

Der Autor im Buchhandel:

Bücher und Kalender des Autors finden Sie unter Angabe des Autorennamens (Rainer Witkowski), der ISBN-Nummern und des Verlages (BoD, Books on Demand GmbH, Norderstedt) auf den großen Online-Plattformen wie:

Amazon; Thalia; Bücher.de; u. Andere

Ebenso können Sie die Bücher und Kalender des Autors (wiederum unter Angabe der o.g. Daten) in **jeder Buchhandlung** bestellen.

Weitere Bücher des Autors:

„Rückblick, Das war ja wie im wilden Westen"
Erinnerungen an verschiedene Abenteuer aus der Kindheit, illustriert mit Fotos von den Geschehnis-Örtlichkeiten. Insgesamt 17 Kurzgeschichten. Spotlights auf die 60-er Jahre des 20. Jahrhunderts im Ortsteil Wildpark-West des 1000-jährigen Ortes Geltow (bei Potsdam).
ISBN: 9783844800647
Verlag BoD, Books on Demand GmbH, Norderstedt, 2011

„Dalmatinische Veduten"
Kleines Reise-Fotobuch mit 47 kommentierten Fotos vor allem aus Trogir, Split, Omis und den beiden „Inland"-Nationalparks KRKA und Plitvicer Seen. Hauptsächlich Landschaftsaufnahmen, Stadtansichten und Reisetipps, oftmals abseits der üblichen Touristen-Hotspots.
Ein „must-have" für alle Kroatien-Fans.
ISBN: 9783738622522
Verlag BoD, Books on Demand GmbH, Norderstedt, 2015

„Südnorwegische Veduten"
Kleines Reise-Fotobuch mit fast 40 kommentierten Fotos aus 3 verschiedenen Regionen Südnorwegens. Die Motive stammen aus der Telemark (hier mal nicht als Wintersportgebiet), dem Hardanger und der Stadt Bergen. Hauptsächlich Landschaftsaufnahmen, Stadtansichten und Reisetipps, oftmals abseits der üblichen Touristen-Hotspots.
Ein „must-have" für alle Norwegen-Fans.
ISBN: 9783738622386
Verlag BoD, Books on Demand GmbH, Norderstedt, 2015